實戰智慧館 496

顛覆致勝

貝佐斯的「第一天」創業信仰，打造稱霸全世界的 Amazon 帝國

The Amazon Management System

瑞姆・夏藍（Ram Charan）、楊懿梅 著

推薦文

亞馬遜的第一天

吳仁麟（點子農場顧問公司創意總監）

馬勒（Gustav Mahler）在一九〇七年創作了史詩級的「第八號交響曲」，需要動員上千人，演出一個半小時。從那時起，這首作品就成了全世界各樂團的挑戰目標，考驗樂團的整體戰力。

瑞姆．夏藍（Ram Charan）是全球聞名的企業顧問和商管學者，他的知名著作《執行力》（*Execution*）更是許多台灣產管學菁英書架上的必備書。特別是《執行力》這本書裡的名言：「沒有執行力，那來的競爭力？」到今天還流傳在許多公司的會議室裡，成了高階主管不斷複誦的金句。

瑞姆．夏藍已經八十二歲了，但是看來仍然沒有打算退休，他還寫了這本書，很多人都好奇，這位管理大師眼中的亞馬遜（Amazon）公司，是什麼樣的風景？

一本亞馬遜的管理全書

市面上已經有太多寫亞馬遜的書，就好像一首史詩級的交響樂作品（如馬勒第八號交響曲）會有很多人詮釋，但是只有極少數會被流傳下來成為經典。瑞姆．夏藍來詮釋亞馬遜，自然也會讓許多人期待。亞馬遜的創辦人貝佐斯（Jeff Bezos）早就被公認是大師級的商業思想家，大師解讀大師，究竟會讀到什麼？

瑞姆．夏藍寫亞馬遜，從貝佐斯的靈魂開始寫起。他認為亞馬遜的成功，在於貝佐斯顛覆了傳統、沿襲百年的企業管理模式。無論公司發展多快、規模多大，每一天都要秉著創業「第一天」的精神，時時保持快速靈活。

一九九四年創辦了亞馬遜，今天的身價超過兩千億美金，也是全世界身價最高的富豪之一。貝佐斯是電子商務的開先河者，除了創辦了網路世界最早的電商平台，也一直引領著電商世界最尖端的技術和商業模式。

二〇一六年，貝佐斯寫了一封信給股東，表面上看起來是向投資人報告，但是某種程度上也是向社會大眾說明了亞馬遜的經營理念和企業文化。

這封信的一開頭，貝佐斯就說，有員工曾經問他：「第二天是什麼？」「第二天就是停滯不前，用戶開始覺得你可有可無，接下來就是難以忍受的痛苦的衰退，最後導致公司敗亡。」貝佐斯這樣回答員工。

貝佐斯甚至把自己辦公的大樓取名為「第一天（Day 1）」以警惕自己和所有的員工永遠保持創業的初心，即使現在他的公司已經是全球電商的領導品牌。他仍想要永遠讓公司維持「第一天」的動能，永遠在第一時間做出正確的決策。

這對一家已經創辦二十多年的大企業是很不容易的事，但是如果不能達到這種境界，是無法在競爭激烈的網路產業生存的。

亞馬遜的六大管理模組

二〇一九年，亞馬遜市值突破一兆美元，成為繼蘋果之後，第二家達同樣市值的美國公司，如此快速的業務成長，背後必須要有超級強大的組織支撐。所以瑞姆．夏藍把亞馬遜稱之為「系統」，也意味著這家公司的經驗已經成為一種可以被各大小企業引用的經營模式，那也像是一種文化和成功方程式。在他眼中，亞馬遜管理體系由六個模組所建構而成：

- 模組1：商業模式——不僅要讓顧客滿意，還要讓顧客驚喜
- 模組2：人才招募——用挑剔的眼光，尋找非凡的人才
- 模組3：數據支撐——用數據追蹤真相，日常管理則靠自動化
- 模組4：創新引擎——持續顛覆，創造大規模的全新市場
- 模組5：決策機制——決策要既好又快，重點在「快」
- 模組6：組織文化——每一天，都是創業的第一天

這六個模組最終還是聚焦在貝佐斯心心念念的「第一天」，也是提醒整個商業世界保持競爭力和創新力的關鍵。正如賈伯斯的那句名言：「求知若飢，虛心若愚（Stay hungry, stay foolish）。」不管走多遠，都要常保初心。

推薦文

夏藍拆解亞馬遜從荒蕪到盛世的硬道理

楊斯棓（方寸管顧首席顧問、《人生路引》作者）

不曉得貝佐斯一手打造的「亞馬遜」對你有什麼意義？

亞馬遜與我

某個週末巧遇《數位時代》總主筆詹偉雄先生，我眉飛色舞地分享自己有多喜歡亞馬遜，前輩冷不防問一句：「那你是股東嗎？」

我還真的是亞馬遜股東。撇開ＥＴＦ，純論個股，我還真有十二股，到死前我都不想賣，我想見證參與它的成長。我會交代家人，過世之後，將我的股份全部賣掉，費用全捐給「綠然」這個Ｂ型企業，一萬元可以改善一個一級貧戶家中的照明設備。說不定，在那一刻，全台灣一級貧戶的照明設備屆時全數都能改善。前提是：亞馬遜保持目前的成長力道。

前年，我每季造訪一次日本，有一回在飛機上看到精采的電視劇《漫才梅索太太》（*The Marvelous Mrs. Maisel*），回台灣查了一下，原來是亞馬遜自製影集，我立刻付月費加入亞馬遜影音（Amazon Prime Video）會員以追劇。

二〇二〇年十月底，天下文化出了一本《文明、現代化、價值投資與中國》，作者是天安門學運領袖，現為喜馬拉雅資本管理公司董事長的李彔。查理．蒙格（Charles Munger）譽為：「他不是常人，他是中國巴菲特。」

得知該書出版後，我造訪亞馬遜網站，以「Lu Li」搜尋，還真的找到天安門事件隔年出版的 *"Moving the Mountain: My life in China from the Cultural Revolution to Tiananmen Square"* 一書，立刻下單！

二〇二一年一月，台灣有幾波寒流陸續來襲，舉國暖暖包缺貨。臉書上一位消息靈通的朋友發文：「今天有藥師朋友說，暖暖包就別想買到了。去年暖冬，所以經銷商根本沒有多進貨，所以今年誰都沒有貨。」

「好市多暖暖包秒殺畫面曝光。鞋子掉、人被壓！有人一次買四十盒」，買個東西搶到兵戎相見的新聞，讓人嘆息。嘆的是：這些人難道真不知世上有亞馬遜網站？

我怕熱，倒不怕冷，但家父為高血壓患者，且得規律洗腎。若沒暖暖包相伴，他可偈促難安。

我造訪日本亞馬遜，訂了一箱日製暖暖包，五日後準時送抵家門（若選擇多付些運費，還可更早到）。

難怪《貝佐斯傳》（*The Everything Store*）一書中，姚仁祿先生做序時曾開玩笑地稱讚亞馬遜：「除水電瓦斯、炸彈武器、毒品這些東西外，幾乎什麼都能賣！」

「無所不賣」的未來

順著姚先生的思考，違法的毒品、武器、炸彈在這裡雖然買不到，但你若想知道中世紀的武士用什麼武器，原子彈怎麼製造，如何在室內或室外種大麻，都能在亞馬遜找到相關書籍。有些甚至有電子書版本，付款後三分鐘內，你就能在 Kindle 或是 iPad 上用 Amazon Kindle 這個 app 開始閱讀，甚至還能聽有聲書。

貝佐斯在網路上以賣書起家，老早就提醒圖書出版業，敵人不是他，而是未來。

很多業者沒聽懂，一心祈禱只要亞馬遜消失，他們的舊時榮光就會再度照耀大地。

未來既代表一代代的新讀者，也代表一股股難擋難測的趨勢。

亞馬遜上可以買到礦泉水，姚先生所說亞馬遜上買不到的，應指自來水。亞馬遜雖不做水、電、瓦斯生意（可能毛利太低），可是它打造出的生態系，涵蓋上、中、下游，某些面向卻又像極了水、電、瓦斯公司。

亞馬遜有自己的倉庫、機器人、物流車、雲端運算服務，它還提供諸多資源讓各路賣家的花花草草能從它的平台亮相，從它的物流系統出貨。

張明正先生曾點出亞馬遜其中一個特色是：「直接與終端消費者接觸」，遙相呼應十四條亞馬遜領導力法則中的第一條：顧客至上。

亞馬遜如何「顛覆致勝」？

《顛覆致勝》一書的作者夏藍是全球學界、產業界重視的企業顧問與知名作家。蔡明介先生曾把夏藍的《執行力》一書稱之「建軍方略與戰略戰術指針」；而把《逆轉力》（*Leadership in the Era of Economic Uncertainty*）一書定調為「動員戡亂時期的作戰手冊」。

《逆轉力》一書稱領導人該有六項必要特質：誠實可信、能激勵他人、即時認知事實、務實的樂觀、提高管理強度、大膽構築未來。蔡先生認為最重要的一項是：務實的樂觀。

貝佐斯正是如此。過去的他曾被實體書店告上法院，當亞馬遜股價重摔之際，「他卻不憂慮，仍然笑得出來」。

貝佐斯點子繁多，治軍嚴謹，既以大笑聞名，飆人時卻又口不擇言。

他同時也是個知名的嗜讀者，他尊敬沃爾瑪（Walmart）創辦人，因此亞馬遜的主管、員工幾乎都讀過《富甲天下：Wal-Mart 創始人山姆·沃爾頓自傳》（*Sam Walton, Made in America: My Story*）。

沃爾頓的核心價值觀是崇尚節儉跟注重行動。貝佐斯將此兩點納入亞馬遜的理念跟行事準則。

沃爾瑪奉行天天低價，亞馬遜網站上萬物的售價邏輯也依同一邏輯。同一商品，不同商家——或是亞馬遜本身的售價加上運費——孰貴孰俗，網站上直接秀出最低價是誰。

查詢晨星（Morningstar）網站上的亞馬遜股價，一九九七年曾出現一·三一元這種回頭看來極不可思議的股價。

《貝佐斯傳》原文版於二〇一三年問世，那一年，亞馬遜股價最高為四〇五·六三元。

筆者撰寫推薦序文的此刻，前一日亞馬遜的收盤價為三二三七元。

諸多企業都想得知打造亞馬遜盛世的藍圖，《顛覆致勝》一書，拆解亞馬遜管理體系為六個關鍵模組，且聽夏藍一一細數。

各界專家推薦

亞馬遜是現代企業管理的楷模，從一九九四年的網路書店開始，到二〇二一年今日亞馬遜已成為電商之王，甚至將觸角延伸至實體商店、醫療保健與太空旅行等事業，沒有亞馬遜做不到的事！

在瑞姆．夏藍這本書中，將亞馬遜的卓越飛輪進行拆解，將每個關鍵要素變成獨立的齒輪，讓想要成為「第二個亞馬遜」的企業，重新排列組合來打造新的飛輪。而個別讀者在理解這些關鍵模組的同時，也同時獲得成長的鑰匙，為自身打開成長的大門。

——Jenny Wang（JC財經觀點版主）

因為視察大陸分公司的工作需要，每月都需要於兩岸奔走，在北京公司時總會上網搜尋，看看又有哪些好書？

在電商網站中，特別是亞馬遜「顧客至上」的創新經營模式，讓我成為了它最忠實的顧客。作為經營者，我更是好奇其經營管理的祕訣。

隨著數位時代的來臨，商業經營的形式持續地被挑戰與革新，想要在新時代競爭、成長和突破，已經不是一種認知的轉變，而是到立即行動的關鍵時刻。經營者需要一個可作為標竿學習的典範企業，亞馬遜絕對是最好的選擇。

透過執行力大師夏藍博士的深刻剖析與提煉，萃取出亞馬遜的六大創新經營關鍵法則，以模組的方式呈現，提供確實可行的執行步驟。本書《顛覆致勝》可謂數位時代領導人的經營操作手冊。

——林揚程（太毅國際顧問執行長）

亞馬遜是一間值得每一位企業家及實務工作者深入了解、進而學習的企業。本書將亞馬遜的六個重要經營模組逐一呈現，非常有條理，是一本值得推薦的好書。

許多人可能會認為亞馬遜是科技公司、網路零售商，或是線上商業平台等，有其特殊性，不過觀諸六個模組，實際上與行業別無關。

綜觀亞馬遜的發展及貝佐斯的思維，企業經營之道要順應時勢及企業條件，以創造顧客及股東長期價值為核心思維，持續精進、演化及創新。秉持這些原則，任何企業及領導人都可能成就更大的願景，顛覆致勝，成為各行業的霸主。

——溫金豐（陽明交通大學經營管理研究所教授兼所長）

亞馬遜的成功，無疑是一個經典個案，透過作者睿智而深具洞察力的分析之後，擘畫出比高標準更高的「貝佐斯標準」執行方案，未來將更有機會成為成功企業的通例。

市面上討論亞馬遜的書籍不少，而這是一本明確闡述「如何做」（How）的進階讀物，我極力推薦給尋求卓越不凡的個人與企業家參考！

——愛瑞克（知識交流平台TMBA共同創辦人）

引言

迎向顛覆的管理思考

關於亞馬遜，你肯定或多或少聽說過。其中有些是真相，有些也許是訛傳，但大都是零零散散、碎片化的。

我們會在書中透過系統性的描述、結構化的剖析，帶你深入了解亞馬遜管理體系，為你深度挖掘其背後的內在邏輯，幫你提煉其頂層的設計思想。

本書關於亞馬遜管理體系的事實性描述，是基於公開資訊、相關機構分析研究、亞馬遜部分離職及在職的高層主管訪談，以及多管道、多角度下的比對核實。

在與企業家、創業者及公司高層的交流與合作中，我們發現，有些企業已從亞馬遜管理體系中汲取了一些適合自己的方法，並在實踐中取得了頗為顯著的成效。

而在寫作過程中，我們一直稟承力求精簡、去蕪存菁的原則，盡最大可能，為讀者創造最好的閱讀體驗，讓你讀起來不費勁，一眼就能看到重點。

謝謝你翻開了這本書，一本會給你帶來很多思考、很多改變的書。

導讀

本書怎麼讀，時間回報更高？

每個人的生命中，最寶貴的就是時間。

現在，大家都生活在全面提速的數位時代，每天都過得跟打仗一樣，一張開眼就是一堆各種各樣的事。抽出時間，讀本好書，實在是件奢侈的事。

為此特別感謝你翻開了這本書，一本也許會給你帶來很多思考、很多改變的書。那怎麼讀，才能讓你的時間回報更高呢？為此，在本書正式出版前，我們特意邀請了一些企業家朋友一起探討。以下是他們的經驗體會，希望對你有幫助。

第一步：快速閱讀，把握重點

亞馬遜的管理體系是什麼？由哪六個模組構成？每個模組的關鍵要點是什麼？有什麼獨特的思路及方法？爭取在兩小時內快速讀完。如果你坐飛機或乘高鐵，應該一趟行程即可讀完這本書。如果你只有十分鐘的時間，建議先快速瀏覽最後的結語——亞馬遜核心管理思想及方法。

在本書寫作過程中，我們一直稟承：只取精華，力求簡練，不廢話；一眼就能看到重點，讀起來不費勁。正如亞馬遜始終堅持顧客至上，我們也希望為讀者創造最好的閱讀體驗。

第二步：結合實際，深度思考

參照亞馬遜的管理體系，你可以問問自己所在企業的管理方法有哪些？哪些方面做得更好？在哪些方面或許已經想到了，但還沒做到？在哪些方面還缺乏思考？哪些方法非常適合自己所在的企業，可以馬上學習借鑑？而哪些方法很好，但目前還不具備必要條件，還需要有耐心，花力氣，充實基礎？又有哪些方法可能根本就不適合，需要捨棄？

亞馬遜管理體系最重要的精妙之處，就是「契合」（fit），與創始人的創業初心，與企業的使命、願景及發展戰略，以及與核心團隊的性格、稟賦及價值觀都高度匹配。

最適合亞馬遜的未必最適合所有人，全盤照搬並非明智之舉。

第三步：集體研討，嘗試實驗

如果你是企業的管理者，若從亞馬遜管理體系中得到了特別好的啟發，尤其是面對那些一直讓你痛苦不已、思考多年而未得其解的問題，突然發現亞馬遜竟然已有現成的且很精妙的解決之道，也許你會激動不已，甚至心頭衝動，恨不得馬上啟動。

如果你正有此意，千萬打住。此刻的耐心，甚是重要。

如果你要推動組織變革，先得建立思想上的共識，才能實現行為上的改變。你不妨組織大家集體學習、集體研討，在充分認知的基礎上推動理念轉變，再推動嘗試實驗。

在實驗的過程中，你得不斷總結經驗，持續反思，等真正讓道理順了、流程通暢了，甚至得到驗證了，再大規模鋪開，也許效果更好。

亞馬遜管理體系對你有什麼啟發？其中哪些方法可以為你所用？如何打造最適合自己、最適合數位時代的管理體系？讓我們在共同探索的道路上，一起前行。

每一天都是創業的第一天！

謹記，共勉。

The
Amazon
Management
System

顛覆致勝

貝佐斯的「第一天」創業信仰，
打造稱霸全世界的Amazon帝國

目錄

顛覆致勝
The Amazon Management System

總論

亞馬遜管理體系是什麼？對我們有什麼用？

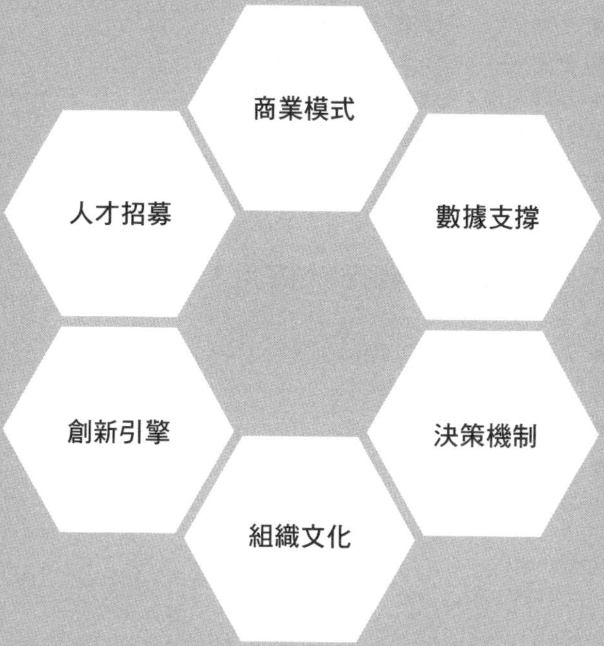

業務成長，離不開組織支撐；超快速的業務成長，需要超強大的組織支撐。我們會透過系統性的描述、結構化的剖析，帶你深入了解亞馬遜管理體系，為你深度挖掘其底層的內在邏輯，幫你高度提煉其頂層的設計思想。

★ 我們將探討 ★

「亞馬遜管理體系」是什麼？

- 商業模式：顧客至上，拓展邊界
- 人才招募：極高標準，持續提升
- 數據支撐：聚焦於因，智慧管理
- 創新引擎：顛覆開拓，發明創造
- 決策機制：既要品質，更要速度
- 組織文化：堅決反熵，始終創業

了解亞馬遜，對我們有什麼用？

- 如果你是企業家、創始人
- 如果你是公司高層
- 如果你是中基層員工
- 如果你是職場新鮮人
- 如果你是創業者

從一九九四年創立至今，亞馬遜二十五年的成長歷程，毫無疑問是令人驚嘆的，也是令人欽佩的。

與很多成功一次，之後就靠吃老本的企業不同，亞馬遜在最初安身立命的業務基礎上，實現了一次又一次的創新與顛覆，也實現了一次又一次的突破與成長。

亞馬遜從「圖書」這項單品電商開始，不斷拓展業務邊界，不僅打通了線上線下，還構築了遍及全球的平台生態，透過基礎設施對外服務，從服務個人客戶（2C）做到了賦能企業客戶（2B），還進入智慧型的硬體、語音、金融服務、本機服務、遊戲、影視、娛樂，乃至壁壘極高的醫療行業。

二〇一八年，亞馬遜總收入已高達二三二九億美元（如圖1）。公司市值一路飆升，於二〇一八年九月四日突破一兆美元大關（如圖2）。雖然之後亞馬遜公司市值有所波動，但仍然保持在九千億美元上下，是全球市值最高的四家公司之一，其餘三家為微軟、蘋果及Google[1]。

亞馬遜過去二十五年的發展，的確超出了很多人的想像，甚至連巴菲特

圖 1　亞馬遜的總收入變化（2006 年至 2019 年）

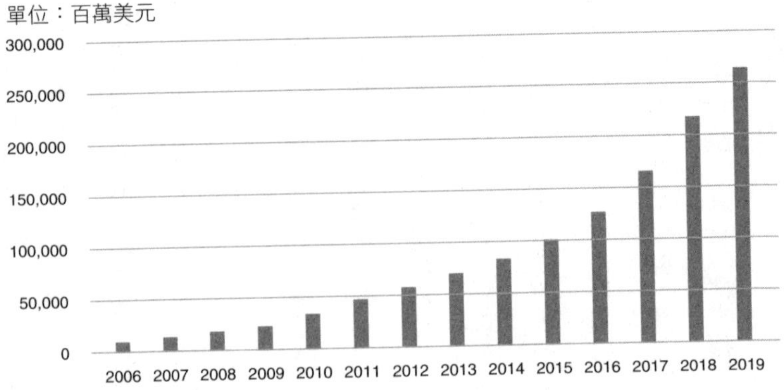

數據來源：亞馬遜年報

圖 2　亞馬遜的市值變化（2006 年至 2019 年）

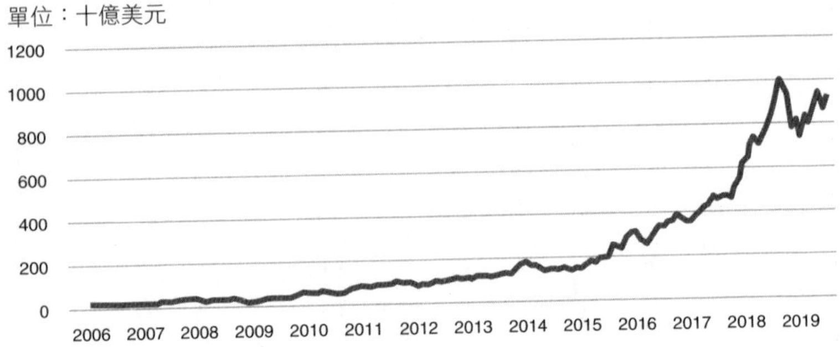

數據來源：亞馬遜年報

（Warren Buffett）都驚呼，說亞馬遜是一個「奇蹟」。

即便業務量這麼大，亞馬遜快速成長的腳步也沒有放慢，它當時的下一個目標是市值穩達一兆美元，因為放眼全球，很多顧客體驗還不夠極致的領域，或是現在還沒被發明創造出來的全新領域，其成長空間是無限的。

業務成長，離不開管理體系支撐；超快速的業務成長，需要更強大的管理體系支撐。那麼亞馬遜的管理體系是什麼，究竟有什麼過人之處呢？

「亞馬遜管理體系」是什麼？

透過對亞馬遜多年的追蹤研究，我們認為亞馬遜管理體系是由六個關鍵模組組成的。每個模組都是整體系統的重要組成部分，而且每個模組之間有著密

❶至二〇一九年九月十六日，微軟公司市值為一．〇四兆美元，蘋果公司市值為九九三八億美元，亞馬遜公司市值為八九四三億美元，Google 公司市值為八五三九億美元。

不可分的關係。

如果逐一拆解每個模組，細細剖析，就會發現亞馬遜的管理思想和深層邏輯，與多數人司空見慣的許多傳統做法的確有很大的不同。有些熟悉的口號，在一般人看來是喊完了也就完了的事，亞馬遜卻是非常認真看待，而且以系統性的方式不折不扣地做到了。

商業模式：顧客至上，拓展邊界

不少企業號稱消費者第一、以顧客為中心，但落實的殘酷真相是：以老闆為中心、以對手為中心，或者以股價漲跌為中心。說是要看長遠，但當期業績指標的壓力就擺在那裡，所謂長遠，大多就是兩、三年。

亞馬遜在建構其商業模式時，始終聚焦核心，堅持顧客至上、為顧客創造、長線思維、投資未來等，不斷探索全新模式，不斷拓展業務邊界。

貝佐斯經常提醒：顧客是亞馬遜最寶貴的資產，對顧客，要永遠保持敬畏。亞馬遜不僅要滿足顧客不斷提升的要求，還要為顧客發明創造，給顧客帶來驚喜。一切都要看長遠，衡量亞馬遜成功與否的根本標準是，能否為股東創造長期價值，因為投資未來比當期盈利更重要。

人才招募：極高標準，持續提升

「人才為先，以人為本」之類的口號，大家都不陌生，然而有多少企業能夠清晰定義「人才」的標準？在識人、用人方面，有多少企業肯投入大量的精力，不僅有詳細的書面記錄，還有從招聘到入職，再到之後發展的持續追蹤及資料分析？

亞馬遜始終堅持對人才招募的極高標準，透過嚴謹的招聘流程、精心設計的自我選擇機制、獨具特色的用人與留人方法，打造自我強化的人才體系，持續提升組織整體的人才水準。

亞馬遜要的是既創新又肯腳踏實地，內心強大，能扛事，能抗壓，而且能夠充分展現「捨我其誰精神」的人。在招募人才時，不僅要嚴格把關，還要確保招募的標準持續提升。

在亞馬遜，招募被視為最重要的決策，因為其管理者深知，企業成敗的關鍵在於人。貝佐斯經常說：你的人，就是你的企業。人不對，再怎麼補救都沒用。

數據支撐：聚焦於因，智慧管理

幾乎所有企業都會訂定業績指標，做資料分析，也都有各種內部管理資訊系統（Management Information System，簡稱MIS）。然而，很多企業內部資訊流動相當不暢，往往部門分治、層級不通，而且非常滯後，有些問題可能需要幾個月，甚至幾個季度才能暴露出來。

數位時代，企業要對資料有全新的認識，因為資料已成為新的核心資產。

亞馬遜不僅致力於打造跨部門、跨層級、端對端的數據指標系統，還對每項指標提出了非常嚴苛的要求，即必須做到以下五點：極為細緻、極為全面、聚焦於因、即時追蹤、核實求證。為什麼呢？因為亞馬遜相信，當每個真正的原因被充分挖掘，被深刻認知，被嚴格追蹤、不斷優化並做到極致時，卓越的成果自然就會出現。

亞馬遜還充分利用數位技術，開發智慧管理工具系統，透過嚴格追蹤、考量、分析每個影響顧客體驗及業務營運的原因，快速發現問題並解決問題，甚至自動完成常規決策。

建設這樣的數據資料體系，的確是投資龐大、耗時經年的系統性工程，但隨著時間的推移、資料的累積、演算法的疊代，其創造的回報不僅巨大，而且是愈來愈大。

數據資料系統的一大好處就是，貝佐斯及整個亞馬遜高層團隊都可以幾乎不怎麼花時間在日常經營管理上，而是把主要精力投入於兩三年以後的事情上，為亞馬遜打造永不熄火的創新引擎。

創新引擎：顛覆開拓，發明創造

當今時代，所有企業都知道創新重要，所有企業都希望在創新上有所突破。然而，雖然重視，也投入研發，結果卻總是那麼不盡如人意。原來期許的重大突破，漸漸變成小小改良；原本期待的大膽創意，後來卻愈做愈小。

在這方面，亞馬遜的表現令人極為驚豔。他們致力於發明創造，致力於打造一個持續加速、持續顛覆、持續開拓的創新引擎，不僅要取得自身業務的快速成長，還要創造規模巨大的全新市場，比如提供雲端服務的亞馬遜網路服務公司（Amazon Web Services，簡稱AWS）、智慧型喇叭（名為Echo）、智慧型語音助理（名為Alexa）。

為了堅持發明創造，他們願意付出常人不願付出的代價，敢於打造新的能力，顛覆現有業務，以及開拓全新市場。他們不怕失敗，持續探索；不畏艱難，願意等待。透過獨特的工具方法，比如點子工具（Idea Tool，詳見一六六頁）、新聞稿、小型的專案團隊等，確保了能夠持續產生、打磨創意，以及高效試錯和讓實驗落地。

在亞馬遜，那句「創意無限」，真的變成了現實。

決策機制：既要品質，更要速度

當今時代，變化的速度和幅度都遠超以往。這意味著：時代對企業決策能力提出了更高的要求。數位時代，決策必須既好又快，重點在「快」。關鍵決策一旦慢了，一旦錯過市場機會，即便處於領軍地位的企業，也會錯過整整一個時代，甚至是一次錯過，次次錯過。

然而，在很多傳統企業，決策品質也許不是問題，但決策速度實在太慢。對此，想必多數人都有親身經歷，其間的鬱悶、怨懟、煎熬與無奈，現在回想起來，也許記憶猶新。

在決策機制方面，亞馬遜在重視決策品質的同時，更強調決策速度，不僅做到了既快又好，而且形成了一套明確具體的決策原則和方法（比如告別PPT，改寫敘事文章）。這讓一線團隊能有一套SOP做好決策，進而落實授權。

組織文化：堅決反熵，始終創業

通常，企業在創立之初，業務不太多、團隊規模不太大時，都能保持快速靈活。然而隨著業務快速發展，員工愈來愈多，部門愈來愈多，層級愈來愈多，組織變得愈來愈複雜，所謂的大公司病，如流程複雜、行動遲緩、組織僵化，也隨之滋生並蔓延開來。

亞馬遜在其成長過程中，不斷強調始終創業，永遠都是「第一天」（Day 1），即無論公司發展多快、規模多大、實力多強、市值多高，都要像創業的第一天般，快速靈活、持續進化。

為此，亞馬遜堅決與「熵增」鬥爭，他們抵制形式主義，打擊驕傲自滿，力求消滅官僚的做法；始終堅持顧客至上，擁抱外部趨勢，不斷地提高決策速度。

為持續打造並不斷強化「第一天」的組織文化，亞馬遜完成了從口號到具體行為的清晰定義，設計了從理念到日常工作的落地方法，做到了在每個決策中以身作則，並透過獨創獎項，賦予了組織文化特殊的意義。

了解亞馬遜，對我們有什麼用？

所有企業家、創業者、公司裡的高層、中基層員工甚至職場新鮮人，都必須充分認識到——數位時代已經到來，傳統的、沿襲百年的企業管理模式已無法應對新時代的要求與挑戰。要想在新時代求生存、求發展、求突破，必須勇敢探索。

這不是一種選擇，而是必須去做。

如果你是企業家、創始人

將來，所有企業都會是數位化企業。在改造、升級傳統行業的過程中，被顛覆的也許不只是某家企業，還可能是某個行業；被創造出來的，也許會是全新的、更廣闊的市場空間。

比如二、三十年前，大家認為以ＩＢＭ、甲骨文（Oracle）、易安信（ＥＭＣ）為代表的ＩＴ系統架構是不可取代的，這幾家領軍企業的江湖地位是不可撼動的。然而，隨著雲端服務橫空出世，你會發現市場格局及企業命運正在發生重大改變。

亞馬遜就是這樣的顛覆者，它顛覆了傳統的圖書銷售、傳統的超市百貨、傳統的物流、傳統的ＩＴ系統，還在不斷探索，持續拓展。

挑戰與機遇並存。好消息是，很多傳統企業還沒有真正開始數位化的探索，還在沿用傳統方式經營。如果此時你主動改變，果斷行動，也許就能趁勢領先。

你敢不敢改變？

如果你是公司高層

數位時代，是用新的方式管理企業，公司高層主管的角色定位及工作職責會發生重大轉型。

隨著數據指標系統、智慧管理系統的應用，高層主管將不再需要透過無窮無盡的彙報會來了解經營情況；很多過去消耗大量時間和精力的決策，也有相當部分可以自動完成。

在亞馬遜，高層主管已經可以從繁重的日常經營管理任務中解放出來，能夠更專注於公司整體性的重要決策、資源配置及頂層設計，投入到需要深度思考、系統性提升的關鍵工作之中，比如怎樣大幅提升顧客體驗，怎樣有效推動新的產品及業務。

要做到像亞馬遜高層那樣，你需要持續提升自己、突破自己，比如深入研究消費者，充分了解數位技術的威力，並大膽發揮想像力，思考如何大力借助新技術提高顧客體驗，改變組織管理模式，全面提升組織營運效率。

你能不能突破？

如果你是中基層員工

相較於傳統企業，組織層級動輒七層、九層，甚至十二層，在數位化組織中，組織層級會大幅縮減，比如五層、四層，甚至只有三層。

在亞馬遜服務的企業中，已有傳統企業完成了這樣的組織變革，從原來的八層精簡到三層。不僅讓效率大幅提升，而且新產品研發週期也大幅縮短，從原來的六到九個月降到了兩個月。近兩年來，亞馬遜接連推出了對顧客極具吸引力、對行業極具衝擊力的顛覆性產品。

組織層級的縮減，的確意味著傳統中基層管理職的減少。但請別灰心沮喪，其實在新時代，面對諸多機會及不確定性，企業更需要這樣的中堅力量。

在亞馬遜，有很多高階主管都曾經是中基層專案的負責人。他們從帶領小團隊開始，力求在新產品、新服務、新業務及新技術的戰場上取得突破。

業務少的時候，他們是小團隊的小執行長；將來業務做大了，團隊規模也大了，他們就是大組織的大執行長。比如亞馬遜網路服務公司的全球執行長安迪・傑西（Andy Jassy）就是這樣成長起來的。

每件小事，都是成長歷練的機會。藉由了解數位化的管理體系，在思維與技能上做好準備，帶動未來的企業管理，將來的企業接班人可能就會從你們之中誕生。

你想不想試試？

如果你是職場新鮮人

如果你工作不久，還是職場新鮮人，恭喜你來到了對年輕人最友好的一個時代。

新時代，會帶來很多新問題。你不會、沒見過，其實別人（即便是有一、二十年經驗的職場老鳥）也未必見過。既然如此，所有人都得從頭開始，共同探索。

新時代，會有新的管理模式，這是大勢所趨。如果你更早看清大趨勢，就能更早、更有意識地為自己創造學習提升的機會，比如選擇在數位技術應用方面領先的企業，正在積極探索數位化管理的企業，正在嘗試以敏捷小團隊為組織單位的企業，也能更早、更有效地為某個組織創造價值。

在亞馬遜，新鮮人會驚喜地發現，自己的工作從一開始就很有意思，且很有意義。一進專案組，就會接觸到各種厲害的人物，能參與實際工作，有些事甚至能自己決策。而且如果真能做成，那麼自己的工作成果可能讓無數消費者從中受益。

亞馬遜服務過的所有企業及企業家，都非常渴望找到有抱負、有潛力、想學習、肯下功夫的年輕人。為了吸引這些優秀人才，他們正在打破傳統的培養晉升路徑，為年輕人創造更好的機會，給他們更大的舞台，讓他們更快地成長。新時代，給了你前所未有的好機會。

你要不要把握？

如果你是創業者

如果你是剛起步的創業者，隨著業務成長、團隊規模擴大，早晚都會面臨如何架構組織、如何設計管理體系的問題。請不要再把沿襲百年的傳統管理方式當作樣板，不假思索地繼承下來。

傳統的組織階級、部門分治的組織架構，還有每年一次的戰略規劃、財務預算、績效考核等，對於這些幾乎被視為「金科玉律」的管理機制，都要高度警惕。因為在數位時代，很多傳統做法已經過時，必將制約你的快速擴張。

請把目光轉向數位化組織，比如亞馬遜，看看他們是如何設計管理體系，想想他們的體系為什麼能強有力地支撐業務及組織的超高速成長。他們今天的成功，也許就是你的未來。數位時代，如何建構組織，如何設計管理體系，不僅需要學習別人，還需要自己勇敢探索。

你願不願一起探索？

接著，我們會透過系統性的描述、結構化的剖析，帶你深入了解亞馬遜管理體系，為你深度挖掘其內在邏輯，幫你高度提煉其頂層的設計思考。

然而，最適合亞馬遜的，未必最適合所有企業。全盤照搬，並不明智。什麼才是最適合自己的數位化管理之道？

讓我們邊讀邊想，一起探索。

模組 1

商業模式
顧客至上，拓展邊界

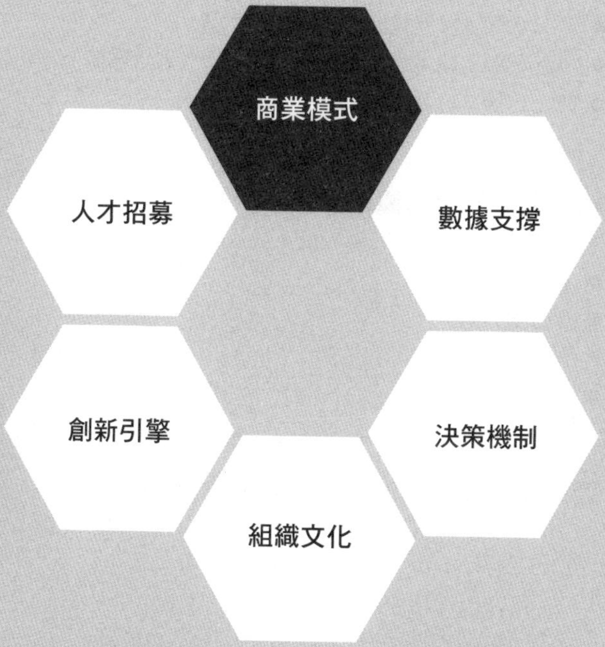

亞馬遜在建構其商業模式時，始終聚焦核心，堅持顧客至上、為顧客創造、長線思維、投資未來。不斷探索全新模式，不斷拓展業務邊界。

★ 我們將探討 ★

亞馬遜的商業模式如何演進？

- 一・〇版：單品電商，從圖書開始
- 二・〇版：多元電商，不斷快速拓展
- 三・〇版：線上零售平台，建構生態，對外賦能
- 四・〇版：打通線上線下，持續拓展邊界

模式演進的背後邏輯是什麼？

- 顧客至上
- 為顧客創造
- 長線思維
- 投資未來

亞馬遜商業模式的成功，靠的是什麼？

一九九四年創建亞馬遜前，貝佐斯就職於對沖基金巨頭蕭氏公司（D. E. Shaw and Co.）。該公司創始人為史丹佛大學電腦博士大衛・蕭（David E. Shaw）。早在三十多年前，這位蕭先生就開始嘗試量化投資，透過量化分析、智慧演算法，讓電腦自動完成金融交易。

為了探索網路的商業潛力，很快被提升為副總裁的貝佐斯，每週都會跟蕭先生一起腦力激盪，天馬行空地暢想未來。激盪過後，貝佐斯負責把各種奇思妙想都記錄下來，逐一分析其可行性。

早在一九九四年年初，他們就想到了幾個頗有前景的創意。比如，為顧客提供免費電子信，然後透過廣告賺錢。是不是有點似曾相識？這不就是後來雅虎及Google做的嗎？再如，透過網路，讓顧客線上自助完成股票或債券等金融投資交易。這不就是後來億創理財（E-Trade）的商業模式嗎？其中，最讓貝佐斯心動的是「無所不賣的商店」（everything store）。

在研究網路的過程中，有一個神奇的數字深深地震撼了貝佐斯：二三○○%，即相較於前一年，網路活躍度大幅提升了二十三倍。貝佐斯後來多次談到當時內心的震撼以及之後的思考：這樣的超高速成長是極其罕見的，到底做什麼，才能乘勢而上？

於是，貝佐斯辭去了華爾街待遇豐厚的工作，開始了探索未知的創業之旅。當時網路行業還處於萌芽時期，貝佐斯的第一步，要從哪裡開始呢？

亞馬遜的商業模式如何演進？

儘管無所不賣的商店這項創意非常令人心動，但貝佐斯知道，一步登天、一蹴而幾是極不現實的。

什麼是最適合在網路上販售的品項呢？貝佐斯列了個清單，其中包括電腦軟體、辦公用品、服裝、音樂等二十項。深度思考之後，貝佐斯做出了選擇：與其漫天撒網，不如聚焦一點，先從圖書開始。

一・○版：單品電商，從圖書開始

貝佐斯為什麼單單選擇了圖書呢？

有些原因，不用問貝佐斯，大家也能想到。比如，圖書是相當標準化的一種商品，市場空間大，而且相較其他品項，圖書的配送難度不太大。

除此之外，美國圖書市場的行業結構比較特殊。英格倫（Ingram）和貝克泰勒（Baker & Taylor）兩大集團幾乎把持了整個圖書市場。做圖書零售，不必與大大小小的圖書出版社逐一聯繫，只要找到這兩家公司，就能開展業務。這對初創企業來說，是相當便利的事情。

然而，貝佐斯最看重的並非上述幾點。他思考的是，如何創造傳統線下書店不可能具備的獨特競爭優勢。

這才是問題的核心。貝佐斯要的不是簡單地把消費者買書的行為從線下搬到線上；他要的是透過網路及各種新技術，為顧客創造一種迥然不同的全新體驗——一種即便傳統書店有心複製，也無法實現的獨特體驗。

這會是什麼呢？

傳統線下書店面積有限，通常一家大型書店最多也就賣十萬到十五萬種圖書，而全球正在出版的圖書則超過了三百萬種。透過網路賣書，就能突破傳統書店在面積上的限制，可以給顧客提供「無限選擇」。

此外，以傳統方式賣書，都會有知名人士的推薦，有的印在書上，有的發表在報紙雜誌等媒體上，通常都是各種溢美之詞。然而，普通讀者的回饋究竟如何，是否存在名不符實、令人大失所望的情況，這就無從得知了。透過網路，請讀者留言，這些來自普通人、未經修飾加工的「真實消費者回饋」，也許對買書的人更有幫助。

最後，也是最厲害的，就是終極個性化服務，即根據每位消費者的基本資訊、習慣偏好及特殊要求，為每位消費者提供量身訂製的服務。這對見慣標準化服務的人來說，無疑是種全新的、能帶來驚喜的體驗：這家公司怎麼這麼懂我？這是多數實體書店是很難做到的，但對精於數位技術的亞馬遜，這正好是它最擅長的。

無限的選擇、**真實消費者的回饋**、**終極個性化的服務**，這正是貝佐斯最看重的，且只有網路才能做到，將決定未來成敗的關鍵競爭優勢。因此當亞馬遜被傳統書店集體圍剿時，貝佐斯顯得非常淡定，並且說對方根本就不是自己的競爭對手。

一九九四年創業初期，公司名字一直沒定下來。貝佐斯嘗試過好幾個，但總不太滿意。某天翻字典時，不經意間，亞馬遜（Amazon）跳進了貝佐斯的眼裡。就是它了！

後來貝佐斯回憶到，因為亞馬遜「不僅是世界上最大的河流，而且其體量遠遠超過了其他河流」。或許這就是貝佐斯對自己公司的期許，不僅要做到最大，還要遠遠超過其他對手。

在圖書領域，亞馬遜的確做到了遙遙領先。二〇一八年，在全美紙本書銷售方面，亞馬遜的市占率高達四二％（如圖3），在電子書銷售方面的市占率則是令人驚嘆的八九％（如圖4）。

圖 3　2018 年，亞馬遜於全美的紙本書銷售占比

（全美紙本書銷售總量：8.1 億冊）

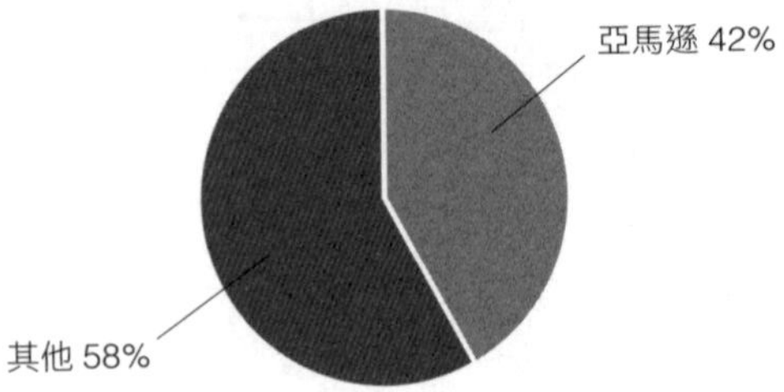

數據來源：BBC

圖 4　2018 年，亞馬遜於全美的電子書銷售占比

（全美電子書銷售總量：5.6 億冊）

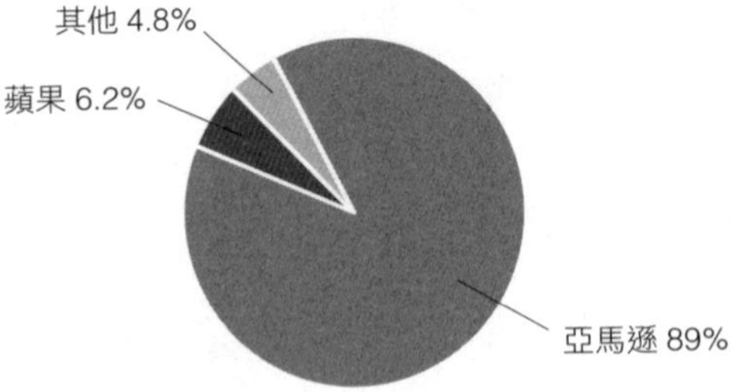

數據來源：BBC

二・〇版：多元電商，不斷快速拓展

從圖書開始，並沒有讓貝佐斯忘了自己最初的夢想——打造線上版的無所不賣商店。

自一九九八年起，亞馬遜涉獵音樂、影片、禮物、玩具、消費電子、家居飾品、軟體遊戲等多種類別，還進入了英國、德國等市場。

除了自身業務快速拓展，亞馬遜還大量投資與併購❷，擴大販售領域，如有聲書、醫藥、寵物、金融服務、雜貨、戶外裝備、玩具、汽車、紅酒等。

在令人眼花撩亂的併購投資、品項及區域拓展之間，線上萬物商店的樣貌漸漸清晰起來。

業務上的快速發展，並沒有讓貝佐斯迷失，他一直提醒自己以及亞馬遜所有同仁必須聚焦消費者，使顧客至上。在二〇〇一年致股東的信中，貝佐斯首

---

❷亞馬遜於這一階段完成的併購有 Drugstore.com、Pets Smart,、Accept.com、HomeGrocer.com、Gear.com、Back to Basics Toys、Greenlight.com、Wineshopper.com、Audible.de、Zappos 等十幾項。

次提出了「顧客體驗三支柱」：**更多的選擇**、**更低的價格**、**更便捷的服務**；後來又在二〇〇八年致股東的信中，再次強調即便放眼未來十年，這些原則也不會改變。

到二〇〇一年，在亞馬遜販售的商品達到四．五萬種，圖書超過百萬種；受益於規模效應及摩爾定律，在激烈的競爭中，亞馬遜持續保持了極具競爭力的天天低價[3]；透過不斷創新，亞馬遜推出了一鍵下單、願望清單、個性化推薦、即時訂單更新、圖書線上試讀等今天我們已經習以為常的各種新功能，為顧客創造了更好的體驗、更便捷的服務。

什麼是最能打動顧客的殺手級服務呢？二〇〇五年，亞馬遜推出了尊榮（Prime）會員服務，即每年交七十九美元會員費，便可享受全年無限次數的兩天到貨服務。截至二〇一八年年底，亞馬遜全球尊榮會員總數已超過一億[4]，僅次於串流影片平台Netflix。

三・〇版：線上零售平台，建構生態，對外賦能

二〇〇三年，貝佐斯提出「非商店」（unstore），旗幟鮮明地說：「亞馬遜不是開零售商店的。」亞馬遜是間科技公司，做的是零售平台。零售商店與零售平台究竟有什麼區別？

亞馬遜最早的自營業務就是零售商店，只不過不是實體店，而是網路商店。當亞馬遜引進第三方賣家，並對外開放其顧客資源、物流等各項核心能力時，亞馬遜就演進成為零售平台。

所謂平台，必須有多方參與，必須能促成多種產品及多種服務的複雜交易，而且必須能為參與各方創造價值。

為此，貝佐斯特別強調說，從今以後，亞馬遜最應當關注的，不是自己賣

---

❸ 亞馬遜於二〇〇二年做了著名的百本暢銷書比價實驗，相較實體書店，價格優勢顯著。詳情請見一三七頁。

❹ 亞馬遜二〇一八年公司年報。

了多少東西、完成了多少訂單，而是如何幫助顧客做出最好的購物選擇。

為了成為平台，在兩次失敗的嘗試（都是一九九九年推出，「亞馬遜拍賣」於二〇〇〇年終止服務，「zShop」則於二〇〇七年收場）後，亞馬遜依然矢志不渝地推出了面向第三方賣家的銷售平台。起初，大家對亞馬遜的很多做法感到十分困惑。

比如，當消費者搜尋某件商品時，為什麼把第三方賣家的和自營的放在同一頁面上？又如，消費者從第三方賣家那裡下單後，為什麼要開放亞馬遜物流服務，幫他們完成訂單？再如，當第三方賣家經營生意時，為什麼要為他們提供各種智慧管理工具，讓他們與自營業務競爭呢？

如果把亞馬遜的商業模式看成線上電商，即在線上開零售店的，前述做法的確顯得非常不可理喻。為什麼要幫助自己的競爭對手呢？

但如果從線上銷售平台的角度看，亞馬遜這麼做就顯得理所當然。這些第三方賣家並不是亞馬遜的競爭對手，而是根植於亞馬遜平台生態中的合作夥伴。發展至今，亞馬遜平台生態中已有數百萬家合作夥伴。

亞馬遜追求的不是自營業務短期收入或利潤的最大化，而是與顧客建立長期的信任關係。

單靠一間賣家，無論多大，能服務的顧客以及能為顧客提供的選擇，總是會遭遇天花板。透過搭建平台，透過引入合作夥伴，賦權給成千上萬乃至數百萬第三方賣家，亞馬遜才能真正做到始終為顧客提供更多的選擇、更好的價格及更便捷的服務。

當亞馬遜把顧客資源與第三方賣家分享，透過第三方賣家給消費者提供更多的選擇、更好的使用者體驗時，消費者的好感度就會提升；與此同時，隨著平台規模的成長，成本結構不斷優化，價格也隨之下降，這樣顧客體驗更佳；提供更好的顧客體驗後，顧客的信任就更多，不僅能提升顧客留存率，促進顧客消費，還能吸引更多新顧客。

顧客愈多，賣家愈多，選擇愈多，服務愈好，成本愈低，價格愈低，體驗愈好，顧客愈多，如此不斷循環向前，不斷自我強化——這就是亞馬遜的成長飛輪（如圖5）。

圖 5　亞馬遜的業務戰略

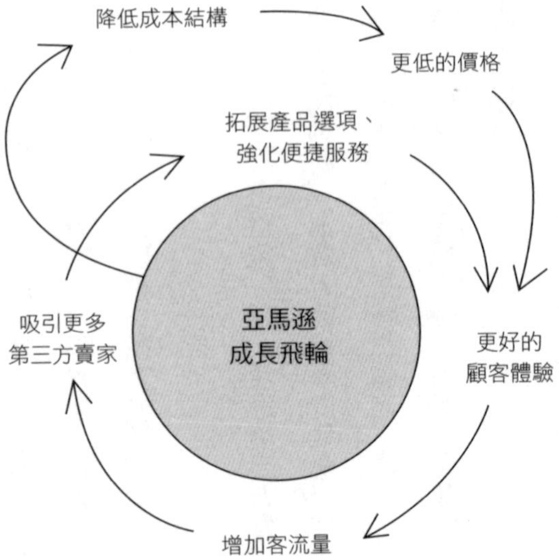

資料來源：亞馬遜網站

至二〇一八年，亞馬遜已成為全美最大的線上零售平台，市占率四五%，像奔流洶湧的亞馬遜河一樣，遠遠超過了eBay、沃爾瑪（Walmart）、家得寶（Home Depot）、百思買（Best Buy）等零售商（如圖6）。其中，第三方賣家的銷售成長迅猛，一九九九年的交易量僅為一億美元，二〇一八年交易量已激增至一千六百億美元，二十年的年複合成長率高達五二%[5]。

四・〇版：打通線上線下，持續拓展邊界

過去二十幾年，很多人問起貝佐斯：亞馬遜會不會從線上殺回到線下？這個問題被提起很多次，也沒見亞馬遜有什麼動靜。其實亞馬遜不是不想向線下拓展，只是還在尋找好的機會，還在探索可行的模式。

二〇一五年十一月，亞馬遜在西雅圖開了第一家實體書店。

更大手筆的是，二〇一七年六月亞馬遜以一百三十七億美元全資收購了以

❺貝佐斯二〇一八年致股東的信。

圖 6　2018 年，亞馬遜為全美最大電商

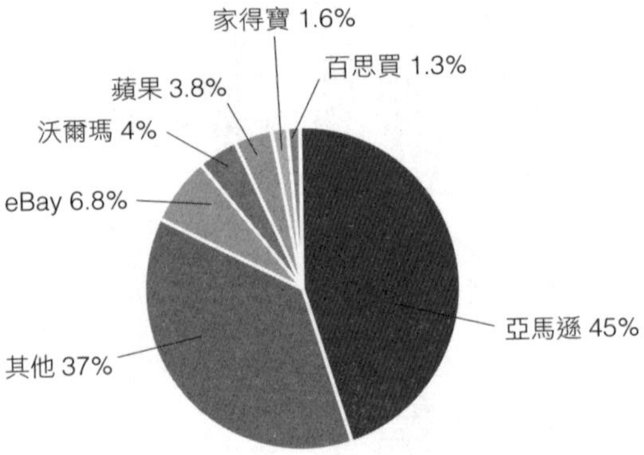

數據來源：BBC

優質生鮮著稱的全食（Whole Foods）超市，一舉將其四百七十一家門市收入囊中，從此正式開始了線上平台與實體業務的大規模融合。

二〇一八年一月，亞馬遜又推出了「無人超市」，主打簡餐食品。這種拿了就走、不用排隊結帳的全新體驗，讓很多顧客驚嘆不已。

為什麼亞馬遜一定要進入實體，而且對生鮮這個類別如此重視？因為這是高頻率的銷售業務。對於自煮家庭來說，生鮮食品即便不是天天買，一週也得買兩三次；而且買生鮮食材時，大家還是習慣眼見為憑，看看到底新不新鮮、好不好。透過這個特殊類別，打通線上線下，與顧客保持高頻率的接觸，是所有線上平台，尤其是亞馬遜夢寐以求的。

此外，亞馬遜還大力加強了自身平台化的基礎設施建設，把核心能力變成了對外服務。比如，二〇〇六年，他們推出了亞馬遜物流服務（Fulfillment by Amazon，簡稱FBA）、亞馬遜網路服務；二〇一四年又推出了智慧型語音助理。讓我們逐一了解他們的布局。

亞馬遜透過提供第三方賣家物流服務，讓尊榮會員在購買第三方賣家的產品時，也可享受兩天到貨的免運服務，不僅解決了第三方賣家的後顧之憂，還能幫助他們提振業務，當然深受第三方賣家的歡迎。

更重要的是，物流是固定成本極高、規模效應極大的業務。面向第三方賣家的物流服務，能夠幫助亞馬遜快速擴大業務量，並在更大的規模上攤薄固定成本，降低亞馬遜整體的物流成本，提高整體的營運效率。如此看來，在惠及他人的同時，亞馬遜自身的收益也是非常顯著。

透過為中小企業提供亞馬遜網路服務，讓企業按使用量付費，不僅省去了中小企業自建ＩＴ系統的固定資產投資，還極大地降低了新創企業在資金、技術和能力方面的門檻。

亞馬遜網路服務發展至今，已在原有的業務基礎上進行了快速的升級與持續的拓展。二〇〇六年剛推出時，只有簡單的「儲存資料」一項服務。之後亞馬遜每年都會研發推出新服務，僅二〇一六年就多達一千多項。

為滿足特殊顧客的特殊需求，二〇一一年，亞馬遜推出了專門為政府公務相關使用者設計的網路服務（AWS GovCloud）；二〇一五年，推出了專門為物聯網（IoT）相關應用設計的網路服務（AWS IoT）。

在二〇一八年致股東的信中，貝佐斯特別提到了在機器學習及人工智慧方面的探索。亞馬遜推出的智慧工具，如 Amazon SageMaker，能讓那些原本無力投入前端科技研發的企業，把機器學習、強化學習等數位技術快速應用到業務發展之中。

而透過智慧型語音助理 Alexa，亞馬遜已為智慧型喇叭在內的一百五十種產品、上億台設備賦能，其中包括耳機、電腦、汽車及智慧家居設備等。

這樣大規模的使用以及語音語料的收集，反過來對於 Alexa 自身性能的持續提升與疊代更新是至關重要。相較於二〇一七年，二〇一八年用戶與 Alexa 的通話次數增加了數百億次。與此同時，Alexa 掌握的訊息量增加了數十億；具備的技能數量增加了一倍，達到八萬多種；其理解請求和提供回答的能力，提升了二〇％以上。

前面談到的飛輪，是面向個人客戶（2C）的。而這些宛如基礎設施的對外服務，是規模更大、影響更深遠、面向企業客戶（2B）的飛輪。對外服務愈多，能力提升就會愈快，服務拓展就會愈多，而且服務成本也會愈低，這樣顧客體驗就會提升，於是會吸引更多的顧客，如此不斷循環向前，不斷自我強化。

經過二十五年的發展，亞馬遜成功創建了業務遍及全球的商業帝國。二〇一八年，公司總收入為二三二九億美元，其中線上自營業務收入占五三％，第三方銷售平台業務收入占一八％，網路服務收入占一一％，會員訂閱服務收入占七％，實體零售業務收入占六％，還有不到五％的其他收入。

即便已經如此成功，亞馬遜也沒有放慢拓展的腳步。比如，除了面向銷售者的零售平台，亞馬遜還搭建了面向企業商戶的Ｂ２Ｂ銷售平台，以及面向二手商品交易的多個線上平台。

在金融服務領域，支付無疑是當仁不讓的。亞馬遜不僅推出了自己的支付服務 Amazon Pay，還在印度收購了一家當地支付平台 Tapzo 公司。此外，亞馬遜還透過小型貸款服務 Amazon Lending 向中小企業提供貸款。

在地方性服務領域，亞馬遜搭建了家庭服務平台 Amazon Home Services，方便屋主找維修、清潔等專業人士。在美國，這類專業人士是很多屋主很大的痛點，不僅貴而且不好找。

除了家庭需要這種專業服務，其實企業也需要。為了滿足企業的這種需求，亞馬遜創建了面向企業的工作外包服務平台 Amazon Mechanical Turkey。

在智慧型硬體方面，大家都知道亞馬遜的電子書閱讀器（名為 Kindle），以及之後推出的智慧型喇叭等消費電子產品。其實亞馬遜在機器人等科技領域，也有很多涉獵。亞馬遜收購了 Kiva Systems 公司，並將其研究成果用在了自己的物流網路之中，光目前在職的分揀機器人就多達十萬多個。

二〇一七年，人們驚異地發現，亞馬遜竟然出現在奧斯卡頒獎典禮上，並一舉拿下了最佳男主角、最佳原創劇本、最佳外語片三項大獎。原來亞馬遜早已成立影視公司 Amazon Studios，並已在遊戲、影視、娛樂等諸多領域布局。

除此之外，亞馬遜還進軍醫療領域。二〇一八年初，亞馬遜與摩根大通（J. P. Morgan Chase）以及巴菲特旗下的波克夏海瑟威（Berkshire Hathaway）公司成立了一家合資醫療保險公司，非常低調，非常隱祕，至今連公司名稱都未確定。

二〇一八年六月，亞馬遜斥資十億美元，收購了美國的一家線上藥房，PillPack。這是一間創業公司，能解決顧客親自跑藥房、在無盡等待中取藥的煩惱（這在美國也是巨大的痛點）。他們會根據醫生開的處方，把藥取好裝好，為顧客送到家裡。

雖然亞馬遜目前還未宣布在醫療領域的明確戰略方向，但亞馬遜的進場，已經令美國整個醫藥業高度緊張了。

這就是亞馬遜的商業模式——**永遠聚焦核心（顧客），永遠拓展邊界（業務）**。

模式演進的背後邏輯是什麼？

到了二〇一九年，亞馬遜已成長為大多數人都不曾想像過的數位巨頭。巴菲特數十年來的合夥人查理．蒙格（Charlie Munger）在接受全國廣播公司

（CNBC）採訪時，卻將亞馬遜描述為「自然現象」。亞馬遜不斷演進的商業模式、持續拓展的業務範圍，是碰運氣，還是跟風口（什麼當紅就做什麼），抑或是有什麼深刻的背後邏輯呢？

亞馬遜的所有業務，都是圍繞顧客展開的。亞馬遜充分應用數位技術，大力投資建設數位時代的基礎設施及平台生態，精心選擇市場規模潛力巨大，且顧客體驗亟待提升或重塑的領域，與合作夥伴一起，為顧客創造端對端、個性化的、優勢顯著乃至前所未有的極致體驗，在持續讓顧客滿意、給顧客驚喜的過程中，不斷建立並強化與顧客的長期信任關係。

亞馬遜始終堅持的背後邏輯，概括而言，就是四個關鍵：顧客至上、為顧客創造、長線思維、投資未來。

顧客至上

幾乎每次演講或接受採訪，只要談到亞馬遜，貝佐斯就會強調「顧客至上」。

在一九九七年第一封致股東的信中，貝佐斯清晰地列出了亞馬遜將長期堅持的九條管理及決策方針（詳見附錄A）。其中的第一條就是——我們會繼續堅持顧客至上。在亞馬遜十四條領導力原則❻（詳見附錄B）中，顧客至上也毫不意外地位列第一。

如此看來，你就會更加理解亞馬遜為自己訂下的使命和願景。亞馬遜的公司使命是致力於為顧客提供更低的價格、更多的選擇以及更便捷的服務。公司願景是成為地球上最以顧客為中心的企業。

在貝佐斯看來，顧客是亞馬遜最寶貴的資產，顧客是亞馬遜飛輪的核心。第三方賣家為什麼要來亞馬遜的平台？因為這裡有數億顧客。亞馬遜為什麼能夠持續不斷地開拓新的類別、新的領域？因為消費者信任亞馬遜，因為消費者還有未被滿足的需求。平台的核心價值就在於顧客：顧客的數量、顧客的活躍度、顧客的黏性，以及顧客持續帶來的價值。

很多企業在創業之初非常重視顧客，但時間一長，規模一大，似乎就有點顧不上了。上至創始人自己，下至各級管理人員，和顧客的距離似乎愈來愈遠，在顧客身上花的心思愈來愈少，對顧客動向的敏銳度也愈來愈低。

貝佐斯對此高度警惕，他經常提醒大家，對顧客，要永遠保持敬畏。他曾這樣寫道：「我們絕不能驕傲自滿，放鬆懈怠。我總是提醒大家，每天早起都應當充滿危機感。這種危機感不是來自對手，而是來自消費者。消費者是我們的衣食父母，消費者成就了我們的業務發展，我們要對消費者負責，要對顧客永遠保持敬畏。很多人談顧客忠誠，其實只要其他地方有更好的選擇，他們就會立馬轉身而去。」

顧客給企業的信任，不是應該的，更不是永恆的。顧客信任，須經過長久的努力與考驗才能贏得，然而一兩次的疏忽或大意就會斷送，之後再想恢復就難了。

因此，亞馬遜的定價原則，從來不追求企業自身短期利潤的最大化，而是追求贏得並強化顧客對亞馬遜的信任。

---

❻引自亞馬遜人力招募網站（https://www.amazon.jobs/en/principles）。

正是憑藉長久不懈的努力，在二〇一八年全球最具影響力品牌評選中，亞馬遜一舉擊敗 Google 與蘋果，力拔頭籌。

為顧客創造

貝佐斯為什麼這麼熱愛顧客？這麼堅持顧客至上呢？

除了上面談到的原因，還有一條：就是顧客永不滿足。他曾寫道：「我如此熱愛顧客，其中一個原因就是顧客永不滿足。他們的期望從來都不是靜止的，而是持續提升的。人皆如此，人性使然。」

那麼，如何才能讓顧客滿意，不斷給顧客驚喜呢？貝佐斯認為，只有持續創新創造。從這個意義上講，顧客永不滿足，恰恰成為亞馬遜創新引擎的持續動力。

很多企業也強調創新，但這麼做的主要動力，源於競爭或業績壓力。而且所謂的創新，多數是微不足道的升級改進，加個功能，換個包裝，降點成本，如此而已，很少有顛覆性、革命性、讓人眼前一亮的驚嘆與驚喜。而亞馬遜追求的是為顧客發明創造。

舉例而言，電子書閱讀器 Kindle 的設計初衷，從一開始就不是模仿讀紙本書的體驗，而是為發明紙本書不具備的全新功能，為顧客創造與讀紙本書完全不同的全新體驗。

透過 Kindle，顧客可以擁有多達數百萬種書的海量選擇，可以根據自己的喜好快速搜尋，可以在六十秒內完成下載，還可以在閱讀過程中畫重點、記筆記，並且自動存在雲端，方便日後反覆觀看。

再如，之前亞馬遜沒有網路服務，沒有智慧型喇叭，是亞馬遜為顧客發明創造了全新的產品與服務。在這兩個領域，亞馬遜都是開山鼻祖，連 Google 都得跟在它後面。這就是為顧客發明創造。

長線思維

一九九七年，貝佐斯在第一封致股東的信中就開宗明義寫道：一切都要看長遠。衡量亞馬遜成功與否的根本標準，是能否為股東創造長期價值。因此亞馬遜在決策時，會優先考慮是否有利於公司建立並保持長期的市場領導地位，而不是短期盈利或短期股價表現。

為什麼堅持長線思維對亞馬遜這麼重要？不少人分析過，總結出了很多原因。我們認為，最根本的原因是其商業模式。亞馬遜打造的是平台，建構的是生態，提供的是基礎設施服務，這些都是需要巨大的持續投入，固定成本極高，但邊際成本極低的業務。

這意味著，如果看短期，無論是季度、年度，還是二到三年的時間維度，前期投資如此巨大，且需要持續追加投入的平台、生態及基礎設施建設，其回報肯定不好，別說盈利，恐怕回本都難。但只要把時間軸拉長，放進七到十年的時間維度，這樣的投資不僅長期回報巨大，而且能強有力地推動飛輪，把企業帶入指數成長的軌道。

只要放眼長遠，結論完全不同。

既然投入如此巨大，那麼怎麼做才能更有效地提高投資回報呢？關鍵在於兩點：**規模與速度**。

先來看規模。既然是固定成本極高、邊際成本極低的生意，如果規模變大，固定成本能夠在更大規模上得以攤薄，就能降低單位成本。這種規模效應，簡單直白，大家都懂。

貝佐斯看到的是深層面的規模效應。他認為，在更大的業務規模基礎上，無論是發展新業務，還是創造新體驗，抑或是持續提升效率，都有更大的成功機率。這裡需要停下來想想：為什麼「大」本身就是極大的優勢呢？

這就是數位時代的特點，業務規模愈大，服務的顧客愈多，累積的資料就愈多；透過充分借助大數據分析、機器學習及人工智慧等數位技術，就能更精準洞察顧客，發掘未被滿足的需求，發現潛在業務機會，持續提升優化演算法，不斷提升營運效能。這就是大的優勢，而且還會持續放大，自我強化。

再來看速度。數位時代是拚速度的時代，常常讓人感覺已經在全力奔跑了，但一看結果，才發現只是停在原地而已。不是自己不努力，而是大家都在捨命狂奔。

為什麼突然之間，這世界就全面加速了呢？因為數位時代，讓這種加速變成了可能。無論是技術、資金還是人才，都不再是大公司的專利。當創新企業面對巨頭，如何殺出一條血路？就得靠速度。在還沒被全面扼殺前，做到足夠大，「快」是關鍵。

早在二十多年前，貝佐斯就對速度有了深刻的認知與理解。在致股東的信中，他多次提到了「速度」。他說亞馬遜在訂定發展目標時，會始終把快速成長放在首位，而且除了在業務規模上要快速大量，在累積數據、數位技術等核心能力方面，也需要快速提升疊代，這樣才能形成有效的競爭優勢，構築真正堅固的壁壘。

投資未來

過去很多年，當亞馬遜長期徘徊在盈虧平衡的邊緣，公司股價卻一路飛漲時，很多人都很困惑。不少人覺得亞馬遜其實不賺錢，資本的追捧過了頭。

從表1中，我們可以看出，亞馬遜不是不賺錢，而是非常賺錢。如果看毛利，在收入快速成長以及毛利率不斷提升的雙重推動下，公司每年可支配的現

表 1　亞馬遜 2010 年到 2018 年收入、毛利、經營性現金流與淨利潤（百萬美元）

	收入	毛利	經營性現金流	淨利潤
2010 年	$34,204	$7,643	$3,495	$1,152
2011 年	$48,077	$10,789	$3,903	$631
2012 年	$61,093	$15,122	$4,180	-$39
2013 年	$74,452	$20,271	$5,475	$274
2014 年	$88,988	$26,236	$6,842	-$241
2015 年	$107,006	$35,355	$12,039	$596
2016 年	$135,987	$47,722	$17,203	$2,371
2017 年	$177,866	$65,932	$18,365	$3,033
2018 年	$232,887	$93,731	$30,723	$10,073
2011-2018 年複合成長率	25%	36%	34%	

資料來源：亞馬遜年報

金流是巨大的。

二〇一八年，亞馬遜的總收入近二三二九億美元，毛利率為四〇．二五%，因此毛利總額近九三七億美元，是二〇一一年毛利總額的八．七倍。如果看經營性現金流淨額，二〇一八年為三〇七億美元。然而亞馬遜的淨利潤率卻極低。二〇一一到二〇一八年的淨利潤率，平均下來僅為一．二%；要是不含淨利潤率提升巨大的二〇一八年（四．三%），二〇一一到二〇一七年的淨利潤率，平均下來僅為〇．八%[7]。

既然盈利水準這麼高，毛利總額這麼高，經營性現金流這麼健康，那為什麼亞馬遜的淨利潤率還這麼低呢？這是亞馬遜經過深思熟慮後的戰略選擇：**把資金投入未來發展，而不是留在帳面上，作為當期盈利**。

亞馬遜很多面向未來的投資，比如平台建設、系統升級、演算法疊代、技術研發及產品服務創新等，是無法像傳統企業投資廠房設備之類的固定資產那樣，分五年、十年或十五到二十年進行折舊攤銷的，只能記為當期費用。

二〇一八年，僅研發費用一項，亞馬遜就投入了二八八億美元，超過了

Google、三星、微軟、蘋果和英特爾（Intel）❽。

二〇一一到二〇一七年，亞馬遜在全球物流中心、資料中心等基礎網路建設方面進行了長期持續的大力投入，投資總額高達一千五百億美元。

對於亞馬遜，如果真的堅持著眼長遠，大力投資未來，必然會損害當期盈利。為此，貝佐斯早在一九九七年第一封致股東的信裡，就特別鄭重地寫明了立場：如果必須在當期盈利（呈現在企業財務報表中）和長期價值（展現在企業未來現金流折現值中）之間做出取捨，我們會繼續堅持選擇長期價值。

從前述分析可以看出，在貌似紛繁複雜、幾乎包羅萬象的亞馬遜業務版圖之下，有著清晰的背後邏輯。無論用什麼模式、做什麼業務，亞馬遜都始終堅持以下四條：顧客至上、為顧客創造、長線思維、投資未來。

尤其難能可貴的是，亞馬遜長期不懈的堅持。二十五年創業艱辛，其間亞

❼亞馬遜二〇一八年公司年報。

❽彭博新聞（二〇一九年四月二十六日）。

馬遜經過很多風風雨雨，在二〇〇〇年網路泡沫破碎時，公司股價也曾從每股一百零六美元[9]，一路急速下跌至不到六美元[10]。即便在生存最困難的時候，亞馬遜也沒有放棄初心。

正是因為這樣的堅持，亞馬遜才締造了屬於它的「奇蹟」。對於亞馬遜來說，未來發展的想像空間還很大。

亞馬遜商業模式的成功，靠的是什麼？

構想出這般商業模式，當然非常不易，但從構想到執行，再到持續運轉，才是真正的挑戰。

誰不想有飛輪效應，誰不想要飛速發展，為什麼做不出來？九〇％以上的創業企業，大都沒有成功就已成仁了。剩下的幸運兒還有不少是一舉成功但後續乏力的，他們也想創新突破，但就是屢試屢敗，似乎陷入了魔咒。

在這方面，亞馬遜絕對是個另類，它不僅實現了最早構想的飛輪，而且在此基礎上完成了一次又一次的創新與顛覆，實現了一次又一次的突破與成長。它究竟有什麼神奇之處，為什麼能夠永保創業激情，永保組織活力？

商業模式不是孤立的存在。企業要想基業長青，不僅要有好的商業模式，還要有正確的人、強大的數據資料、永不熄火的創新引擎、既快又好的決策機制，以及強而有力的組織文化。

在諸多成功要素中，人是根本，因為戰略都是人想出來的，業績都是人做出來的。亞馬遜是如何招募人才，把人留住的呢？亞馬遜在人才體系建設方面，有什麼獨到之處？

讓我們一起來看下一章：人才招募——極高標準，持續提升。

---

❾一九九九年十二月十日收盤價（Capital IQ 資料庫）。

❿二〇〇一年九月二十八日收盤價（Capital IQ 資料庫）。

關鍵速記

商業模式，來自顧客需求

顧客總是期待更好，包含：

- 更低的價格
- 更多的選擇
- 更便捷的服務

對於顧客，貝佐斯認為：

- 要永遠保持敬畏
- 要為顧客發明創造

一切都要看長遠：

- 投資未來比當期營利更重要
- 現金流比淨利潤更重要

模組 2

人才招募
極高標準，持續提升

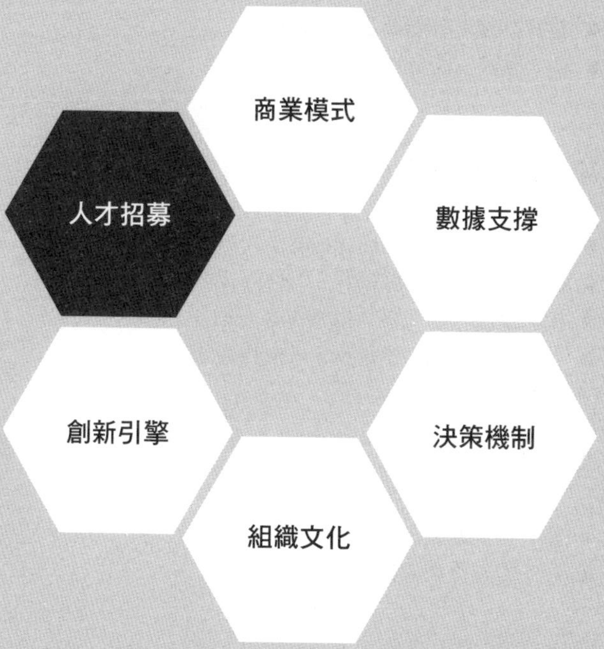

亞馬遜始終堅持對人才招募要有極高標準，透過嚴謹的招聘流程、精心設計的自我選擇機制、獨具特色的用人與留人方法，打造自我強化的人才體系，持續提升組織整體的人才水準。

★ 我們將探討 ★

如何定義正確的人？

- 建造者：既能創新，又能落實
- 捨我其誰：著眼長遠，極有擔當
- 內心強大：能負責任，能抗壓力

如何招到正確的人？

- 誰做表率：貝佐斯自己用的是什麼方法？
- 誰來把關：如何堅持對人的極高標準？
- 招聘流程：如何提升組織的選人能力？
- 自我選擇：如何讓錯誤的人自我覺知？

如何用人、留人？

- 讓新人加速成長
- 給予老將全新挑戰

如何吸引頂級人才？

如果你像貝佐斯一樣，看到了巨大的歷史機遇，也想到了占據風口的商業模式，於是決定辭職，放棄所有，縱身一躍，投入火熱的創業事業中，那麼這第一步要從哪裡開始呢？

貝佐斯認為，最重要的第一步，就是招募人才。在辭職前，他專程從紐約飛到加州，跨越美國東西岸，來到千里之外的矽谷。此行的唯一目的，就是找人，尤其是找頂級的技術人才。

結果貝佐斯還真是不虛此行，他找到了謝爾．卡芬（Shel Kaphan）——一位創業老將、技術天才。卡芬成了亞馬遜的第一位員工，後來還擔任了公司的技術總監。

貝佐斯反覆強調：在亞馬遜，最重要的決策，就是招募。他甚至說：「寧可錯過（一個完美的人），也不錯招（一個不對的人）。」

這似乎有違常理，因為通常人們最大的擔心有兩個：一是害怕錯過人才，於是會放寬標準，把可能對的人先招進來，用了之後，發現不對，之後再換；二是害怕錯過商業機會，機會不等人，既然急於用人，稍差一點總比沒人強，先招個人進來，把事做起來再說，大不了，之後再換。

貝佐斯卻不這麼想。他認為若人不對，再怎麼補救都沒用。

招錯人造成的損失，其實遠比想像的大得多。首先，這些人雖然在做事，但他們做出來的結果，與亞馬遜要求的極致標準往往相距甚遠。不僅他們負責的工作本身會受影響，他們的存在還會影響到別人，比如他們所在的團隊、需要與他們配合的人，甚至整個組織。

其次是請神容易送神難，請不對的人離開的過程，往往也是極為痛苦，且極耗費心力。最後，從機會成本的角度來看，招錯人對業務、對組織的損害也是極大的。

貝佐斯有句名言：你的人就是你的企業。用什麼樣的人，企業就會變成什麼樣子。

在一九九七年第一封致股東的信中，貝佐斯寫了九條亞馬遜會長期稟承的基本管理及決策方針，最後一條就是關於人才招募：「我們深知，企業成敗的關鍵在於人。因此在人才招募上，我們會繼續堅持招募有多種能力、才華出眾且真正有捨我其誰精神的優秀人才，在薪資結構上，我們會繼續堅持側重股權激勵，而非現金報酬。真正成為公司股東，有利於激發員工的積極性和發自內心的責任感。」

亞馬遜如何確保招對人呢？

如何定義正確的人？

根據行業特性、市場動態及企業發展階段，每間企業對於「什麼樣的人才是正確的人」的定義或多或少會有差異。然而要保證偌大的組織中大家的標準統一，就必須把「正確的人」的定義明確地寫下來，具體地描述清楚。

亞馬遜始終堅持人才招募的極高標準，他們要的是創新實幹、內心強大且具捨我其誰精神的人。

建造者：既能創新，又能落實

光有創新想法，卻沒有辦法落實。貝佐斯稱這樣的人為幻想家，這絕不是亞馬遜要的人。

亞馬遜要的是既創新又能落實、能把夢想化為現實的建造者。在接受採訪時，貝佐斯多次描述過這些人的樣貌。在二〇一八年致股東的信中，貝佐斯如此寫道：

「他們永遠充滿好奇，愛探索。他們喜歡創新，即使是專家，也會保有初學者的『新鮮』心態。他們把我們做事的方式只看作是我們當前做事的方式。他們能幫助我們接近潛力巨大但目前還難以解決的市場機會，並謙虛地相信成功可以透過疊代來實現：發明，嘗試，再發明，再嘗試，不行接著再來，繼續調整，繼續創造，繼續努力……一遍又一遍。他們知道通往成功的道路絕不是筆直的。」

有一次接受電視台的採訪，主持人談到貝佐斯愛科幻小說，愛暢想未來。

貝佐斯特地澄清自己的確愛科幻、愛暢想，但更重視落實；而且在亞馬遜，有很多能夠創新、也能落實的人。與他們一起工作，他感到特別開心。

不妨好好體會一下他對建造者的描述，並大膽暢想一下：有了這樣一群人，讓他們聚在一起，相互激發能量，既敢想又能幹，遇到多大的困難都能堅持不懈，遇到多大的挫折都能從頭再來，那麼他們能呈現多大的幹勁，能創造出多大的成就啊！

捨我其誰：著眼長遠，極有擔當

我們都知道亞馬遜特別強調顧客至上，特別崇尚長期主義。其實「捨我其誰」的精神，也是貝佐斯特別看重的。唯有當責，才可能真正做到從長遠考慮問題。

在亞馬遜的十四條領導力原則中，第一條是顧客至上，緊隨其後的第二條就是捨我其誰的精神，彷彿自己就是企業的主人翁。亞馬遜的領導者會從長遠考慮，不會為了短期業績而犧牲長期價值。他們不僅代表自己的團隊，而且代表整個公司行事。他們絕不會說「那不是我的工作」。

主人翁是什麼樣子的人呢？貝佐斯在致股東的信中，舉了一個生活中的小例子：「我認識一對夫婦，他們把自己的房子租了出去。後來他們發現，過聖誕節時，房客一家沒買聖誕樹的底座，竟然直接把聖誕樹釘在了地板上。雖然只有素質極低的房客才會這麼做，但我敢說，如果這是他們自己的房子，他們絕不會這麼短視，絕不會做出這種事。」

令人遺憾的是，不少企業高階主管的所作所為，更像房客而不是屋主。他們關心的只是自己個人的當下利益，而不是公司整體的長遠利益。比如，他們絕不會做這些事：

● **選賢育能，招募培養最優秀的人**。為什麼要招這麼優秀的人呢？手下太厲害，早晚是威脅。萬一哪天被上級主管發現，肯定會影響自己的地位。這樣的人根本就不該招，更別說培養了。

● **勤儉節約，盡可能少投入多產出**。為什麼要費心費力地嚴控費用呢？反正又不是自己的錢。錢擺在那裡，就算自己不花，別人也會花。預算多了，大家花著都高興，幹嘛那麼節省，非得那麼計較呢？

● **追根究柢，隨時掌控細節，經常進行審核**。深入各個環節探究細節，多辛苦啊！只要我管的這些環節不出事，天塌下來也自然有人扛。何必活得那麼累呢？此外，發現問題，不還得自己解決嗎？多一事不如少一事。

● **敢於諫言，不會為了保持一團和氣而屈就妥協**。就算上頭的決策真有偏頗，也不需要自己出頭吧！就算沒人出頭，既然高層指示要做，那就讓高層做吧，反正出了問題，也有人擔著。更何況以後結果如何，誰又能說得準？幹嘛非要現在說這些讓高層不開心的話，讓自己被記恨呢？

從房客的角度來看，這麼想都非常合情合理。其實這些事就是在考驗一個人在工作中究竟把自己當成房客，還是屋主；究竟有沒有把企業的事當成自己的事。

前述這四條全都來自亞馬遜領導力原則，都是亞馬遜對各級領導者的基本要求。如果不是真有捨我其誰的責任感，肯定做不到這些基本要求的。這麼一來，你大概也能明白貝佐斯的招募標準。

內心強大：能負責任，能抗壓力

儘管貝佐斯從未專門提過這點，但要想在亞馬遜生存發展，有玻璃心的人還是另謀高就，因為這裡的確不適合。

凡是能落實創新、責任感特別強的人，總會深入各個環節，仔細探究細節，會無止境地精益求精。如果你沒有強大的內心，你會覺得他們的各種問題是在質疑你；他們的各種要求是在刁難你；他們所謂的精益求精就是擺明了和你過不去。其實，他們還真沒把心思花在你身上，因為他們幾乎全部的心思都在想怎樣把事做好，怎樣才能做到極致。

在創新發明、追求極致的過程中，肯定會遇到很多困難。只有內心強大的人，才會主動選擇難以解決的問題（用貝佐斯的話來說，是機會），百折不撓，一遍又一遍地去嘗試調整，失敗了再來，直到成功為止。

亞馬遜前高階主管約翰．羅斯曼（John Rossman）總結道，如果你想在亞馬遜有發展，必須做到：

- 同樣的錯誤，不能再犯。
- 不怕變化，不固守過往。
- 面對風險，不能畏首畏尾。
- 遭遇失敗，不能輕易放棄。
- 付出努力，別奢望立刻有收穫。
- 既不要自怨自艾，也不用討好別人。
- 別感覺全世界都欠你，都得哄你高興。
- 不要把時間和精力浪費在自己控制不了的事上。

在亞馬遜，最能取得成功的是那些能扛事，能抗壓，即便偶有失手，即便因此被罵慘，也仍然埋頭努力的人。

貝佐斯自己就是內心十分強大的人。二〇一四年決定自行開發電子書閱讀器時，二〇一五年決定推出尊榮會員服務時，面對幾乎來自所有人的強烈反對，他仍然堅定不移，果敢決策。回到創業之初，他見了無數投資人，其中一次會議就召集了六十多位投資人。他本想籌集五百萬美元，但最後幾經周折才融資到了最初的一百萬美元投資[11]。

不過相較於Google的兩位創始人，貝佐斯還算是幸運的。據說，賴利·佩吉（Larry Page）和謝爾蓋·布林（Sergey Brin）在跟投資人開了三百五十次會後，才獲得投資。他倆起初還試圖把自己的成果賣給雅虎，這樣兩人還能回去接著讀博士，結果慘遭拒絕。

如今，搜尋領域早已是Google的天下，雅虎則只剩下了傳說。

如何招到正確的人？

定義出什麼樣的人是正確的人，那麼如何系統性地招募到這樣的人呢？

誰做表率：貝佐斯自己用的是什麼方法？

貝佐斯對招人始終堅持極高標準，即便是亞馬遜還在草創階段，他也沒有因為公司規模還小而降低要求。

據一九九九年《連線》（*Wired*）雜誌報導，亞馬遜早期員工尼可拉斯．洛夫喬伊（Nicholas Lovejoy）說，貝佐斯在招募方面，「非常吹毛求疵」。

在一九九八年第二封致股東信中，貝佐斯再次談到人才招募。他說：如果沒有非凡的人，在網路產業肯定做不出什麼像樣的成績。要想找到非凡的人，在招募時必須問自己三個問題：

一、你欽佩這個人嗎？

二、這個人的加入，能提升整體效能嗎？

⓫引用自 *“The Everything Store: Jeff Bezos and the Age of Amazon”* 一書（繁體中文版書名為《貝佐斯傳：從電商之王到物聯網中樞，亞馬遜成功的關鍵》，天下文化出版）。

三、這個人在哪方面有過人之處，取得過哪些非凡成就？

前兩項的要求就已然非常高了（想想能讓貝佐斯欽佩的人得達到什麼成就），為什麼還要加上第三條？因為貝佐斯認為**凡是在某個方面取得過非凡成就的人，肯定對自己有過極高的要求，對「極致」有過不懈的追求，而且肯定克服過常人難以克服的困難**。

即便是做工程師，也要做到非凡。成為能力最強的，絕不是他們的目標；他們的目標是要比能力最強的人還強，而且還要高出至少一個量級。這才是他們追求的境界，也才是貝佐斯要的人。

亞馬遜早期招募的每位員工，貝佐斯都會親自面試。面試結束後，他還會拉著所有面試官同事開會討論，細緻地拷問每位面試官的觀察、評價、判斷及背後的依據是什麼。大家討論時，他甚至會在白板上用非常詳細的圖表深入分析每位面試者。只要發現同仁心中還有些許疑慮，貝佐斯就會果斷拒絕。

貝佐斯不僅始終堅持招募要有極高標準，而且還強調招募標準應當持續提高。他常說，每位新人的加入，都要能夠提高組織的整體效能。所謂水漲船高，標準高了，新人水準才會高；加入的人水準高了，組織整體的人才水準才能更高。

誰來把關：如何堅持對人的極高標準？

隨著公司規模的快速擴大，貝佐斯顯然無法親自面試每位新人。那麼怎樣才能堅持極高標準，持續提高標準，真正把守好招募這道關卡呢？

亞馬遜的方法非常特別，它選拔了一批「抬桿者」（Bar Raiser）。這些抬桿者要像貝佐斯當年那樣，不僅參與面試，面試結束後，還要帶領每位面試官深入討論、細緻分析，做出正確的決策。

如何選出抬桿者呢？有三條標準：第一，在識人方面眼光敏銳，的確有過人之處；第二，不會因為業務壓力而降低標準，相反還會持續提升標準；第三，也是最重要的一條，就是他們自己就是內心強大、極具捨我其誰精神的建造者，真正堅信並親身踐行亞馬遜的組織文化及領導力原則。

在亞馬遜，能被選為抬桿者，毋庸置疑是莫大的光榮。在每次的面試過程中，都會有一位抬桿者參加。為了保證獨立性，抬桿者通常會來自其他部門。

抬桿者的職責是什麼呢？他要做的三項工作如下：

一是面試。抬桿者在面試過程中，應根據亞馬遜的領導力原則，評估、判斷此人是否適合亞馬遜，在公司是否有長遠的發展前途，是否能提升組織整體效能。

二是決策。抬桿者在所有面試結束後，要像貝佐斯當年那樣，與每一位面試官進行溝通，聽聽他們的觀察、評價與判斷，看看他們對此人有什麼疑慮，然後在綜合所有人意見的基礎上，做出錄用與否的決策。

三是回饋指導。招聘決策完成，抬桿者的工作還沒結束。他們還必須對每位面試官提出回饋意見與建議指導，幫助他們持續提高招募水準。而且這樣的回饋指導，還得是書面的。

由此可見，抬桿者不僅責任重大，而且工作量也相當大。

招聘流程：如何提升組織的選人能力？

有鑑於亞馬遜把招募當作最重要的決策，當面試官可不是什麼輕鬆活，工作量也相當大。

面試前，面試官要看之前面試官的面試記錄，參考他們的各種發現及具體評價，以調整自己的面試問題及側重點。

面試中，面試官要詳細記錄求職者的回答，以備之後自己進行評價、判斷，以及後續來自抬桿者的拷問。

面試後，面試官先要盡快把自己的觀察、評價及判斷（招還是拒？只能二選一）輸入系統，供下一位面試官在面試前參考。

然後，面試官還要接受抬桿者的拷問：面試時問了哪些問題？為什麼問這些問題？面試者是如何回答的？你的評價與判斷是如何形成的？抬桿者的拷問特別深入，而且也都會記錄下來。

最後，如果大家意見不統一，或抬桿者認為有必要召集所有面試官一起討論，面試官還得參加集體研討。

經歷了這些，也不一定都能有收穫。哪怕是業務需要，已經火燒眉毛，但只要抬桿者認為不行，誰也不能決定錄用，因為抬桿者有一票否決權。

做完招聘決策，發了工作邀請，人來了，也入職了，招聘工作是不是總算完成了呢？在很多公司的確如此，而且從組織分工的角度看，人來之前是人資部門的事，入職之後就是績效考核部門的事了。

但在亞馬遜不是這樣，新人的表現及他們之後的發展都會記錄在冊。這樣做的目的不光是考核新人，也是考察所有參與招聘過程的面試官，他們的識人眼光是否敏銳，面試問題是否切中要害，亮點挖掘是否有伯樂之風，隱患洞察是否足夠犀利精準，以及在招聘過程中有哪些疏漏、偏差，或得到哪些經驗、教訓。

由此可見，亞馬遜的招聘流程，能夠極大地促進組織招聘能力的持續提升。每面試一位求職者，每錄用一位新人，都是亞馬遜訓練組織招聘能力的機會。每位面試官對於面試過程的詳細記錄，以及對每位求職者的書面評價與判斷；每位抬桿者對面試官的詳細拷問，以及之後的書面回饋與指導；系統對每位入職新人的後續追蹤，對每位面試官、每位抬桿者而言，都是高效提升組織能力的有力手段。

這樣的招聘流程及系統，無疑需要巨大的投入，不光是資金資源的投入，更重要的是人的時間和精力的投入。能成為面試官，尤其是能做抬桿者的，都是業務上的佼佼者，也是亞馬遜最精銳的核心部隊。讓他們花這麼多時間在招聘上，會不會耽誤他們各自的業務長才，是不是值得呢？

如果你這樣問貝佐斯，他會斬釘截鐵地告訴你：值得，而且非常值得。因為貝佐斯始終堅信，**你的人就是你的企業；人不對，什麼都無從談起**。

自我選擇：如何讓錯誤的人自我覺知？

在亞馬遜看來，求職者也是顧客。亞馬遜對顧客的看重，也惠及了求職者。為了創造良好的招募體驗，亞馬遜在官網上公開分享成功面試亞馬遜的重要建議。

建議一：研讀領導力原則

亞馬遜非常強調組織文化、價值觀，因此準備面試的最佳方法就是認真研讀領導力原則的要求，想想自己的哪些經歷符合這些原則。面試時，最好能舉出實例，講講當時是什麼情況、自己的任務是什麼、自己具體做了什麼，以及最後的結果如何。

建議二：舉出失敗的經歷

為什麼亞馬遜這麼看重失敗的經歷呢？因為亞馬遜相信，創新與失敗是密不可分的。要發明創造，就一定會經歷失敗。失敗之後，是否還能堅持不懈，重新再來，屢敗屢戰，是非常重要的個人特質。面試時，求職者最好能舉出失敗的實例，講講遇到過什麼樣的失敗，犯過什麼樣的錯誤，從中學到了什麼，獲得了哪些成長。

建議三：提升寫作能力

對於某些職位，亞馬遜會要求求職者按要求寫篇短文，看看你的寫作能力如何。為什麼亞馬遜這麼看重寫作能力呢？因為亞馬遜不用ＰＰＴ（詳見二一三頁），不允許只寫要點，而是要求員工用完整的句子寫敘事文章，深入地闡述自己的觀點。

這些建議對求職者的確非常有幫助，但亞馬遜這麼做，可不光是為了助人，更是為了利己。因為求職者透過這些建議，能夠更了解亞馬遜；有基本的了解，他們會不自覺地認真思考，自己究竟適不適合亞馬遜。

比如，對亞馬遜領導力原則中的種種要求，自己的看法如何？是認為本該如此，還是認為有些過分，甚至不近人情？對失敗的經歷，自己到底怎麼想？是真心喜歡發明創造，對過程中的失敗早就習以為常，還是更喜歡把握性更強、確定性更高的工作？而對於寫作，自己究竟有沒有興趣，以及有沒有這樣的能力？

求職者若能進行這樣的思考，對亞馬遜而言非常重要。這就是自我選擇的開始，讓那些經過了解，經過思考，知道自己並不適合亞馬遜的人，自覺選擇不申請。

亞馬遜的薪資結構及福利待遇，也呈現了自我選擇機制的深刻用意。相較於其他網路巨頭，亞馬遜在福利待遇方面可謂極其計較，比起Google的各種免費福利實在是差遠了。在亞馬遜，甚至開車上班，把車停在公司車庫，都得自己掏點錢。要知道，勤儉節約是亞馬遜領導力原則之一。

不僅如此，亞馬遜的薪資水準還相當低。二〇一二年，貝佐斯在接受採訪時，坦然承認說：「與絕大多數公司相比，我們的現金報酬，確實非常低。」

貝佐斯說的非常低，究竟多低？

查看亞馬遜二〇一八年年報，你會看到貝佐斯的年薪，是八一八四〇美元。而高階主管的年薪中，亞馬遜全球消費業務執行長傑夫．威爾克（Jeff Wilke）以及亞馬遜網路服務執行長安迪．傑西的年薪，最高只有十七．五萬美元，而且沒有獎金。

在亞馬遜的薪酬中，占比最大的是股權，但需要分四年才能全部拿到。雖然在 Google 及微軟，股權全部到手也需要等四年，但差別在於：Google 及微軟都是每年給二五％，而亞馬遜第一年只給五％，第二年只給一五％，後面兩年則是每半年給二〇％。本來就要等四年，亞馬遜還把比例又往後挪移了。

這麼一對比，那些看重短期利益、穩定收益，或是當下福利待遇，甚至短期現金收益的人，是肯定不會選擇加入亞馬遜的。

亞馬遜要的，就是這個效果，這就是自我選擇。

如何用人、留人？

讓人覺得奇怪的是，一方面，亞馬遜對選人的標準如此地高，另一方面，亞馬遜給人的薪資待遇，從短期看，尤其是現金部分，又如此地沒有競爭力，那亞馬遜靠什麼吸引人才？又靠什麼留住人才呢？

讓新人加速成長

很多年輕人，尤其是那些有理想、有抱負、想做出一番大事的人，初入職場時，比錢更重要的是學習。亞馬遜給他們創造了廣闊天地，讓他們能大有可為，加速成長。

在亞馬遜，新人會驚喜地發現，自己的工作從一開始就很有意思，且很有意義。比如一進專案組，新人就會接觸到各種優秀人才，能參與實際工作，有些事甚至必須自己決策。如果專案成功，就有無數顧客能從中受益。

在二〇一四年致股東的信中，貝佐斯充滿驕傲地談起，亞馬遜推出了面向會員的一小時到貨服務（Prime Now）。能做到一小時到貨，已然十分驚豔，但更讓人驚嘆的是，該服務從創意到上線，僅用了短短的一百一十一天。

這一切都是從一個專案小組開始的。在這一百一十一天裡，他們完成了從倉儲選址、選品、招聘相關人員，到業務測試、調整更新，再到編寫使用者端及配送端 app，以及搭建內部管理系統的全部工作，並在假期到來前，成功上線。

如果新人有幸從一開始就加入這個專案，那這一百一十一天做下來，學習成長之快讓人難以想像。不僅可以急速精進自己的專業技能，而且有機會涉獵其他所有相關領域，親身經歷從零到一再到一百的創造過程。這就是一次成功的創業。還有什麼比這樣的實戰洗禮更好、更快的鍛鍊機會呢？

這就是亞馬遜的獨特魅力。對於想做出一番大事的年輕人，這是他們夢寐以求的絕佳機會。

給予老將全新挑戰

對於那些既有創意，又能落實，能把夢想變為現實的建造者們，亞馬遜總能給他們新的挑戰——那些別人望而生畏的曠世難題。這是激發他們潛力的最佳方法。

在一九九九年加入亞馬遜之前，傑夫．威爾克就職於聯合訊號（Allied Signal）公司，當時已經是公司副總裁，直接向時任聯合訊號公司執行長、美國商界傳奇人物賴利．包熙迪（Larry Bossidy）彙報。

亞馬遜並沒有給威爾克加官進爵，給的職位還是副總裁。真正吸引威爾克加入的，是一個巨大的挑戰：如何為電商業務——一個尚處於萌芽階段的新興行業，搭建一個有別於傳統模式的全新物流網路。

面對如此巨大的挑戰，換了別人或許會被嚇到，但卻讓威爾克為之心動。的確，這樣重新定義行業標準的機會，也許一輩子真的只有那麼一次，怎麼能錯過呢？

安迪．傑西是一九九七年加入亞馬遜的，比威爾克還早兩年。二〇一三年，安迪．傑西曾問過自己，為什麼十六年後，自己還沒走，還留在亞馬遜。他說：「我想不到其他任何地方比亞馬遜更吸引我……在這裡，可以真正著眼長遠，不必受制於每季度的業績壓力；在這裡，可以真正為顧客發明創造，不必遵循傳統；在這裡，有創意、想做出一番大事的人可以充分施展，不必因為之前沒有相關經驗而失去開拓創新的機會；在這裡，我們這些力求創新、敢想敢做、崇尚行動、付諸實踐的人，聚集在一起，共同打造我們自己的組織文化……也許這就是為什麼十六年之後我還在這裡。亞馬遜的確是建造者的夢想樂園。如果你想深刻地改變世界，沒有比這更好的地方了。」

時光飛逝，轉眼已到二〇一九年。時至今日，這兩位還在亞馬遜。其實，在亞馬遜核心高階主管即所謂「S團隊」的十八人中，有一半在亞馬遜待了二十年或更長的時間，其中包括：傑夫．威爾克，一九九九年加入，目前擔任亞馬遜全球消費業務執行長；安迪．傑西，一九九七年加入，目前擔任亞馬遜網路服務業務執行長；傑夫．布萊克班（Jeff Blackburn），一九九八年加入，目前擔任商業和企業發展資深副總；大衛．札波斯基（David Zapolsky），一九九九年加入，目前擔任總法律顧問兼資深副總；拉斯．格蘭迪內蒂（Russ Grandinetti），一九九八年加入，目前擔任國際消費者業務資深副總；史蒂夫．凱塞爾（Steve Kessel），一九九九年加入，目前擔任實體商店業務（包含全食超市、無人零售店 Amazon Go 等）資深副總；查理．貝爾（Charlie Bell），一九九八年加入，目前擔任公用計算事業資深副總；保羅．科塔斯（Paul Kotas），一九九九年加入，目前擔任亞馬遜廣告業務副總；彼得．德桑蒂斯（Peter DeSantis），一九九八年加入，目前擔任全球基礎設施及顧客支援業務副總。

一家僅有二十五年歷史的創業企業，能做到這樣，實在非常令人欽佩。

如何吸引頂級人才？

能做好前述三點，雖然已經非常不易，但還不夠。要想成就非凡偉業，還要吸引頂級人才。

既然是頂級人才，他們有很高的機率不會賦閒在家，更不會主動投遞履歷。他們往往正在領軍企業身居要職，就算找獵頭問，他們通常也會很禮貌地回絕，說現在各方面都滿好的，沒有要換工作的意思。然而不久之後，你可能才在新聞中驚訝地發現他們的最新職場動態。不是說沒想換工作嗎？怎麼又換工作了呢？

要想吸引頂級人才，必須由領導者或高階主管親自出馬。相信大多數人都能明白這個道理，但很多時候，工作一忙起來就把找人的事給放下了。對於創業公司，這點尤其重要。

一九九七年有位高層人士，對亞馬遜後來的發展起了關鍵作用。他除了做好資訊總裁（CIO）的本職工作，幫助亞馬遜全面升級了管理資訊系統，打造了數位時代的全新管理模式（我們在下一章就會看到其強大的威力），還舉薦了很多人才，也培養了很多人才，其中就包括前面提到過的安迪·傑西。在二〇〇七年退休前，這位高階主管一直是貝佐斯非常倚重的左右手。這位高階主管就是瑞克·達澤爾（Rick Dalzell）。

招募達澤爾的工作，是由貝佐斯親自主導的，與他配合的是當時亞馬遜的財務長（CFO）喬伊·科維（Joy Covey）。一九九七年初，亞馬遜正處於被線下連鎖書店集體圍剿的危急關頭，但貝佐斯深深懂得招募人才的重要性，而且明白在吸引頂級人才方面，創始人必須親力親為。

達澤爾當過兵，是美國陸軍的訊號工程師，還曾擔任駐紮西德的通信官。退伍之後，他加入了零售商沃爾瑪，負責IT工作。當時沃爾瑪的管理資訊系統代表著零售行業的最高水準。

招募達澤爾，前後歷時半年多，過程頗為周折。起初，達澤爾多次拒絕了貝佐斯和科維。後來好不容易同意見面，可是達澤爾的第一次亞馬遜之旅，實在是不太愉快。先是航空公司弄丟了他的行李；之後他從飯店櫃台借了西裝和領帶，一大早去了亞馬遜，結果那裡空無一人（當時亞馬遜的員工習慣日夜顛倒，晚上工作到很晚，早上起得也晚）；最後好不容易等到貝佐斯，結果貝佐斯還把整整一杯咖啡全都灑在了他借來的西裝上。

雖然說「好的開始是成功的一半」。然而這樣的開始，著實讓人很鬱悶。

但貝佐斯沒有放棄，仍繼續努力，而且還讓科維每隔幾週就給達澤爾的太太打電話聊天。不僅如此，貝佐斯還搬出了矽谷傳奇投資人，也是亞馬遜的投資人，約翰．杜爾（John Doerr）[12]來幫忙。就算做到了這樣，達澤爾還是不為所動。

實在是沒輒了，貝佐斯和科維一起專程飛到美國南部的阿肯色州，沃爾瑪的總部所在地本頓維爾（Bentonville），就是「為了給達澤爾一個驚喜，邀請他共進晚餐」[13]。

這招果然奏效，達澤爾餐後終於同意加入亞馬遜。

然而，之後達澤爾又反悔了，因為舉家搬遷，從南方的本頓維爾搬到緊鄰加拿大的西雅圖，實在是太麻煩了。儘管遭受重大挫折，但貝佐斯還是成功地在達澤爾的心中種下了一顆名叫「亞馬遜」的種子。種子漸漸生根發芽，最後還是在太太的推動下，達澤爾才下定決心，進入了亞馬遜。

從貝佐斯招募達澤爾的經歷中，我們可以看到，要想吸引頂級人才，不僅要親力親為，在遇到各種挫折時，也要鍥而不捨。千萬不要指望能畢其功於一役，要肯花工夫，肯花大力氣。要相信精誠所至，金石為開。

作為創始人、領導者，把時間和精力花在這方面，是非常值得的。因為說

---

[12] 約翰．杜爾執掌的凱鵬華盈基金（縮寫為ＫＰＣＢ）於一九九六年向亞馬遜投資八百萬美元，當時獲得一三％股權。

[13] 引用自 *"The Everything Store: Jeff Bezos and the Age of Amazon"* 一書（繁體中文版書名為《貝佐斯傳：從電商之王到物聯網中樞，亞馬遜成功的關鍵》，天下文化出版）。

到底，你的人就是你的企業。人不對，再怎麼補救都沒用。

亞馬遜今天取得的非凡成就，的確令人欽佩。然而這些非凡的成就都不是從天上掉下來的，而是靠人做出來的。

也許更值得欽佩的是，亞馬遜對人才工作的高度重視，對極高標準的不懈堅持，對人才招募的大幅投入，以及透過自我選擇的機制、嚴謹的流程及後續的追蹤，不斷推動組織整體人才水準，以及識人用人水準的持續提升。

在亞馬遜管理體系的六大模組中，有兩大底層支撐：一是人才，二是數據資料。那麼亞馬遜的數據資料有什麼獨到之處呢？請看下一章：數據支撐——聚焦於因，智慧管理。

關鍵速記

企業成長，始於人才招募

對於人才，貝佐斯認為：

- 你的人就是你的企業
- 人不對，再怎麼補救都沒有用

定義正確的人：

- 他是既能創新，又能落實的「建造者」嗎？
- 他是否具有「捨我其誰」的主人翁精神？
- 他是否「內心強大」，能面對失敗與壓力？

模組 3

數據支撐

聚焦於因，智慧管理

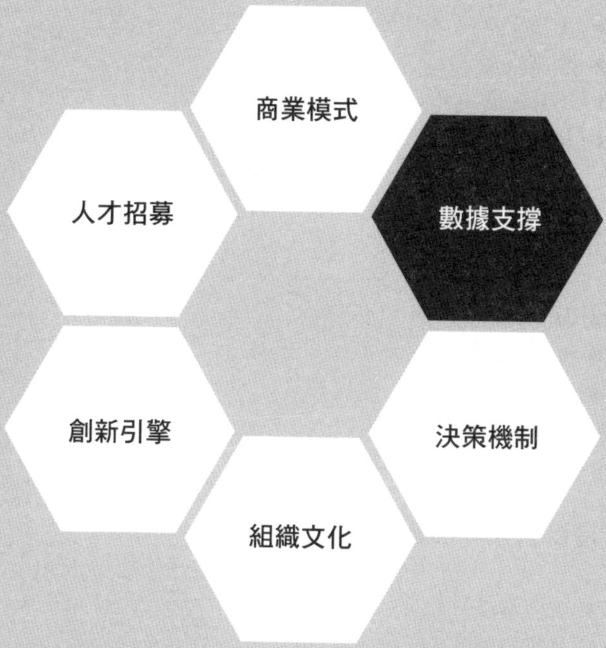

亞馬遜致力於打造跨部門、跨層級、端對端的即時數據指標系統，借助演算法、機器學習、人工智慧等數位技術，開發智慧管理工具系統。透過嚴格追蹤、考量分析每個影響顧客體驗及業務營運的原因，快速發現問題、解決問題，甚至自動完成常規決策。

★ 我們將探討 ★

凡事要有數據支撐

- 極為細緻
- 極為全面
- 聚焦於因
- 即時追蹤
- 核實求證

推動智慧經營管理

- 個人化推薦
- 最優惠價格
- 物流配送
- 管理第三方賣家

投資巨大，回報更大

- 釋放組織精力
- 推動持續提升

你現在的工作職位是什麼？工作任務有多繁重？帶的團隊規模有多少人？工作時間有多長？工作壓力大不大？

如果讓你管亞馬遜，讓你駕馭這個業務非常多元、整體總量非常大、地域跨越全球的商業帝國，讓你面對資本市場對經營結果負責，你會不會感到壓力很大呢？

有壓力是正常的。畢竟時至今日，亞馬遜全球員工總數已超過六十萬人，收入規模已超過兩千五百億美元。

我們絕大多數人現在帶的團隊、扛的指標，離亞馬遜的規模還有不小的差距。但每個人的工作壓力已然很大，工作時間已然很長，每天從早到晚，經常身心俱疲。要是老闆肯授權、能讓你帶團隊倒還好，如果高層凡事看得特別細，那就更加難以為繼了。

然而貝佐斯恰恰是做事非常愛深入細節、遇事非常愛追根究柢的人。亞馬遜的領導力原則之一，就是「追根究柢」，即領導者要深入各個環節，隨時掌控細節，經常進行審核，當資料與傳聞不一致時，持有懷疑態度。領導者是不會遺漏任何工作的。

令人吃驚的是，貝佐斯幾乎不怎麼花時間管日常經營，主要都在操心二到三年以後的事。如果老大採取放任態度，那高層團隊裡總得有人挺身而出吧？也沒有。貝佐斯要求他們也跟自己一樣，把主要精力投入到二到三年以後的事情上。

這就奇怪了，這麼大的企業，其日常經營管理究竟靠什麼呢？

亞馬遜的祕密就在於致力打造強大的數據指標系統及智慧管理工具系統，透過即時追蹤、考量分析每個影響消費者體驗及業務營運的原因，快速發現問題，自動完成常規決策，推動組織管理能力的持續提升。

數位時代，哪間企業沒有數據指標？沒有智慧管理工具？沒有即時追蹤、考量分析？但絕大部分企業家及高階主管都沒有亞馬遜這麼超然事外。在這方面，亞馬遜究竟有什麼過人之處呢？

凡事要有數據支撐

在亞馬遜，人人都知道的一句名言就是，凡事要有數據支撐。

這種對數據資料的熱愛與執著，與創始人密切相關。對於貝佐斯，這似乎是與生俱來的能力。他小時候打發無聊時光的方法之一，就是在心中默默計算各種統計數據，從中找出規律，自娛一番。

開會討論時，如果有人繞來繞去，不敢直接面對慘澹的現實，不敢回答棘手的問題，貝佐斯會憤然打斷說：別廢話，直接說數字。

對於很多在亞馬遜工作的人，起床後的第一件事，就是「看數據」。系統會自動更新，每天會自動發送相關資料給相關人。隨著智慧手機的普及，看數據的時間已往前推置，成為亞馬遜人睜眼後、離開床鋪前的習慣動作。

正如亞馬遜對人才有著極為獨特的高標準，亞馬遜對數據指標也有著極為獨特的嚴苛要求。

極為細緻

有道是魔鬼都在細節裡，亞馬遜對於細節的追求，實在是顛覆多數人的想像。對於諸多有幸親身感受的人，第一印象往往是「驚嘆」：亞馬遜對細節的追求竟然如此細緻。

試想一下，如果你將負責亞馬遜資料中心的選址工作，我們會考慮多少因素？五個、十個，還是二十個？除了電力供應、上網電費、網路傳送速率及價格，還有呢？

亞馬遜訂定的選址標準，多達兩百八十二個，包括地震、空氣、地形、土地規劃條件等因素，而且全部達標才算通過。亞馬遜網路服務在中國的第一個資料中心位於寧夏中衛市。據當時負責與亞馬遜溝通的時任市長萬新恆介紹，亞馬遜對資料中心的要求極為嚴格。僅選址，亞馬遜就花了將近一年時間。

而如果我們負責訂定公司年度業績目標，會考慮多少指標？五個、十個，還是二十個？除了收入、利潤、現金流、成長率，還有呢？

亞馬遜訂定的年度業績目標，更是多達好幾百個，以二〇一〇年為例，就有四百五十二個。光有目標還不行，為了確保每個目標能夠達成，亞馬遜還就每個目標明確指派了責任人、成果要求及完成時間。

再試想一下，如果我們負責亞馬遜第三方平台的圖書業務，每天要看的數據指標有多少？五個、十個，還是二十個？

亞馬遜要求的是二十五頁（對，你沒看錯，就是二十五頁），其中包括這幾項：

- **訂單出錯率**：出現顧客負評的訂單比例；負評形式不限，有投訴、有爭議、評價低等，都計算在內。
- **訂單退款率**：出現消費者退款的訂單比例；原因不限，只要有退款情況，就都計算在內。
- **訂單取消率（送貨前）**：送貨前被取消的訂單比例。
- **送貨延遲率**：送達時間晚於承諾時間的訂單比例。

●**人工接觸次數：**平均每個訂單完成過程中，發生人工接觸的總次數。

●**頁面下載速度：**點擊頁面連結後，新頁面全部呈現所需要的時間。

●**顧客搜尋排名：**排名類別繁多，如按關鍵字、按作者、按出版社、按第三方賣家等。

●**暢銷產品排名：**排名類別繁多，如按關鍵字、按作者、按出版社、按第三方賣家等。

如此詳盡細緻的指標，一共二十五頁。每天看，會是什麼感覺？你別嫌多，因為原來有七十多頁。

如果這些數據指標還不夠，歡迎登錄系統後台，那裡有無窮無盡的各種資料指標，肯定能幫你深入細節，追根究柢。

極為全面

在很多企業，內部資訊流動是不暢的，往往是部門分治、層級不通，除了具體負責此事的人知道，其他人能否了解，主要得看關係、看利益。

比如，銷售部門了解銷售情況，行銷部門了解行銷預算，產品部門了解訂單，財務部門了解公司總體的庫存周轉、利潤水準及現金流狀況。然而如果需要把散落在各部門、各層級的資料串在一起，具體分析某個品項或某個商品利潤如何，是否真正賺錢，是否真能創造現金流，很多企業就一籌莫展了。

在不少企業中，跨部門的資訊流動不僅難度大，而且難說明道理。比如要防範洩密（萬一有人向對手通風報信呢？）、要警惕員工（萬一員工已心生去意，臨走前想多獲取些重要資料呢？）、要上級審核（萬一出了問題，誰負責任呢？）等等。即便最後還是給了某些內部資訊，但過程中的種種規定和要求、各式各樣的不情不願，也是明裡暗裡地告訴你，應該是沒有下次了。

為什麼會這樣？因為資訊就是權力基礎。別人的「無知」，以及這種無知造成的「無能」（實在難有作為），恰恰是鞏固自己地位的方式。

正是因為存在這樣的問題，很多傳統企業在啟動數位化轉型時，往往會把資料公開、資訊透明作為轉型的重點項目之一。數位時代，資料已成為企業新的核心資產。從這層意義上說，我們應當把資料視為企業整體的重要資源，而非任何人或任何部門的私人財產。

在亞馬遜，各業務團隊要端對端地為顧客體驗負責，對經營業績負責。這些團隊怎麼樣才能成功？除了要是優秀人才，還必須得有數據支撐，讓他們能看到全面的經營狀況。否則就像在漆黑的大廈中摸索路徑，幾乎只能坐以待斃。

由此可見，資料公開、資訊透明、極為全面的數據支撐，是確保組織高效運轉、落實責任到個人的重要基礎。

聚焦於因

聚焦於因也許是亞馬遜數據指標系統最獨特的地方。

很多公司訂定目標時，都會聚焦於收入、淨利、成長率、利潤率等關鍵業績指標。但以二〇一〇年為例，在亞馬遜提出的四百五十二個年度業績指標中，「收入」一詞僅出現了八次，「自由現金流」僅出現了四次；至於淨利、毛利、營業利潤、各項利潤率等指標，則完全沒被提及⓮。

這是為什麼呢？因為在貝佐斯看來，無論是收入、利潤還是現金流，都只是結果，不是原因。若想要好的結果，只看結果沒有用，只有追到每個原因，解決每個原因所遇到的問題，最後的結果才可能會好。

這些極為細緻、全面的數據指標背後，呈現的是亞馬遜對業務本質的深刻洞見。

比如，頁面下載速度，指的是點擊頁面連結後，新頁面全部呈現所需要的時間。不少公司總是認為，其實只要速度別太慢、別讓消費者忍無可忍而憤然退出就好了，顧客通常對此也不會特別在意。

但亞馬遜不僅為此設定了專門的考量指標，還深入研究。他們發現，頁面下載速度每慢〇．一到一秒，消費者的活躍度就會下降一%。對於年交易額高達千億甚至上兆美元的電商平台，一%的活躍度的下降，意味著多大規模收

⓮貝佐斯二〇一〇年致股東的信。

入的損失。

再如人工接觸次數，這指的是平均每個訂單完成過程中發生人工接觸的總次數。無論是線上客服，還是電話查詢，或是投訴處理，總之只要發生人工接觸，有一次算一次。

會不會有人覺得，這算是什麼重要指標啊？在線上聊一下，問問情況，不是很正常嗎，有什麼好大驚小怪的？殊不知，這是亞馬遜極為重視的一個關鍵指標。

因為每一次的人工接觸，都意味著人員及相應的人工成本。如果每單平均人工接觸次數保持不變，那麼訂單規模增加十倍，相關人員人數就至少得增加十倍；如果再往深處想，那麼成長速度就會受限，盈利水準就難以提高。

二〇〇二年是亞馬遜過去二十五年發展歷程中意義非比尋常的一年。因為就在那一年，亞馬遜首次實現了盈利。這項成績背後的重要原因之一，就是當年的人工接觸次數下降了九〇％。這意味著同樣的人數，能支撐訂單十倍的成長，人工效率提高了十倍。同樣的人工成本，收入成長十倍，對利潤能產生多大的貢獻。

當每個真正的原因被充分挖掘，被深刻認知、嚴格追蹤、不斷優化並做到極致時，卓越的成果自然就會出現。

即時追蹤

很多企業都會定期開經營分析會，分析上一階段的經營結果，訂定下一階段的業績目標及重點工作。最常見的是，每個月開小會，每一季開大會。

通常開會形式是每個部門輪流講述，業務講完行政講，各自講完後高層主管做總結。開會時間基本在每月中上旬，比如十日或十五日前後，因為整理公司總體及各業務的經營情況，的確需要一些時間。

我們就曾經歷過，某公司的業務部召開了一季的經營分析會議。該業務的負責人發現，在最大的二十家客戶中，有幾家的實際銷售情況與年初訂定的預算要求差距甚大。其中差距最大的一家，四月還能達標，但五月、六月出現了斷崖式的下滑。

發現這個情況後，這位負責人即時與具體負責這家客戶的銷售人員通了電話，與參與會議的主管們一起分析討論，很快制定了四項調整方案，並設定了每項工作的負責人及完成時間要求。

經過這件事，你對業務部的這位負責人的評價如何？不少人會認為，這位負責人雖然身居高位，但仍然能深入細節，發現問題，而且能當機立斷，解決問題，是位難能可貴的員工。

如果以傳統的標準來看，這般評價的確合情合理。但以數位時代的標準來看，這樣的組織反應速度實在是太慢了！

如果五月、六月整體業績差，那麼最初的業績下滑，發生在什麼時候？也許是五月第一週，也許是四月最後一週，也許早在四月中，就出現了端倪。如果能在那時發現問題，快速調整，也許能多改善二到三個月的銷售狀況。

而在亞馬遜，數據資料的收集和分析是即時的。如果有需要，可以看到每天、每小時、每分、每秒的資料。如果出現異動，系統會自動提示相關人員。這樣就可以做到第一時間發現問題，第一時間解決問題。這才是數位時代應有的反應速度。

核實求證

在亞馬遜，凡事都要有數據支撐。高層主管不僅應要求自己說話辦事都有數據佐證，還要對他人提供的資料嚴格核實、嚴謹求證，絕不可盲信盲從。

在這方面，貝佐斯的確起到了表率作用。比如，在二〇〇〇年聖誕購物季的一次高層會議上，貝佐斯問當時負責客服工作的副總：顧客打亞馬遜的客服電話，接通後需要等待多長時間，才能與客服人員通話？

在美國打客服電話，接通後往往需要經歷漫長的等待時間，聽著一遍遍重複播放的音樂及提示，隨著心情從著急到煩躁，再到抓狂，才能等到與客服人員通話。

這位副總想也不想地回答，保證一分鐘內能與客服人員通話。

如果你是貝佐斯，你會如何反應？

貝佐斯聽到這個回答，立刻當著所有人的面，當場撥打了亞馬遜的客服電話，還把自己的手錶摘下來，放在桌上計時。

立刻、當場、親自核實。

請在心中默數，從一數到兩百七，為什麼？因為當時貝佐斯及整個亞馬遜高層團隊，就是經過了兩百七十秒，整整四分半鐘的漫長等待，才與客服人員通話。

這四分半鐘，是最好的以身作則，是最好的現場指導。

從時間管理的角度看，這兩百七十秒的投資回報率是極高的。因為無論是當時身在現場的各位高層，還是很快就聽聞此事的各級員工，又或者是將來會知道這個傳奇故事的一批又一批新進員工，大家都會牢牢記住這一課：深入細節，追根究柢，親自核實，嚴謹求證。空口無憑的打包票、拍胸脯，在亞馬遜是完全行不通的。

那麼按照亞馬遜的嚴謹標準，要證明某個結論，需要提出怎樣詳實可信的數據資料呢？

在二〇〇二年致股東的信中，貝佐斯為證明亞馬遜在價格方面的巨大優勢，即「商品折扣並非只限於特定時間個別項目，而是涉及全品項的天天低價」，特意做了一百本暢銷書的比價實驗。

為保證公平性和代表性，在選擇書目時，亞馬遜用的不是自家平台的銷售排名，而是競爭對手的銷售排名，選出的書中，既有平裝書，也有精裝書，而且涉及多項圖書類別，如文學、愛情、推理、驚悚、紀實、兒童、勵志等；在進行價格調查時，亞馬遜走訪了競爭對手位於紐約（即美國東海岸）及西雅圖（即美國西海岸）的多家大型書店。調查結果如下：

- **整體價格：**在競爭對手的書店裡，買這一百本暢銷書，需要一五六一美元；而透過亞馬遜網站，買同樣的一百本書，僅需一一九五美元，便宜二三％，幫消費者省了三六六美元。
- **單本價格：**與對手相比，亞馬遜在七十二本書上，價格更低；在二十五本書上，價格相同；在三本書上，價格略高（已下調這三本書的售價）。
- **打折比例：**在競爭對手的書店裡，僅有十五本書在打折，其餘八十五本都是以定價銷售；而在亞馬遜，打折比例超過了四分之三，有七十六本書在打折，只有二十四本是以定價銷售。

這才是有數據支撐且經得起核實求證的分析思考方法。當你能夠從容面對貝佐斯本人及亞馬遜每位領導者的密集火力，就他們提出的細節和各種問題，都能拿出極為細緻、極為全面、聚焦於因且經得起核實求證的即時資料分析時，恭喜你，你過關了！

推動智慧經營管理

貝佐斯畢業於普林斯頓大學，專攻電腦和電子工程。他不僅理解演算法、機器學習、人工智慧等尖端技術，而且知道如何將這些超級武器用在企業的經營管理之中。

在蕭氏公司四年的工作經歷，讓貝佐斯更加深刻地認識到數位技術的強大威力，並逐漸萌生了後來亞馬遜商業模式的基本雛形，比如，如何透過海量資料及數位技術，為每位顧客提供各自不同的個性化服務。

在貝佐斯二〇一〇年致股東的信中，開篇有這麼兩段：「隨機森林（random forests）演算法、貝氏推論（Bayesian estimation）、RESTful服務（RESTful services）、Gossip協定（Gossip protocols）、最終一致性（eventual consistency）、資料分片（data sharding）、反熵（anti-entropy）、拜占庭容錯機制（byzantine quorum）、抹除碼（erasure coding）、向量時鐘（vector clock）演算法……走進亞馬遜的某個會議室，你可能一瞬間會以為闖進了一個電腦科學講座。

「翻一翻目前有關軟體架構的教科書，你會發現幾乎沒有什麼架構模式沒被亞馬遜所用。我們使用高效能的交易系統、複雜的網頁渲染與物件快取技術、工作流與序列系統、商業智慧與資料分析、機器學習與模式識別、神經網絡和機率決策，以及其他各種技術。雖然我們的很多系統來自最新的電腦科學研究成果，但常常還不能完全滿足需要，因此我們的程式設計師和工程師不得不深入學術研究尚未觸及的領域。正是因為我們面對的很多問題，在教科書上還無法找到現成的解決方法，所以我們只好自己動手，發明新的辦法。」

在數位時代，企業能有一位對數位技術如此精通、對數位技術能發揮的重要作用如此堅信的掌門人，真的非常幸運。

在貝佐斯的大力推動下，亞馬遜充分利用資料演算法、機器學習、人工智慧等尖端數位技術，開發了很多功能強大的智慧管理工具，在不少常規性的日常經營問題上，可以實現自動分析、自動決策。

個人化推薦

在個性化服務方面，由誰來決定為不同顧客推薦什麼商品呢？亞馬遜靠的是個人化推薦演算法，讓系統自動為每一位消費者提供精準到個人的個性化推薦。

最優惠價格

在商品價格方面，由誰來確保全品項天天低價的定價原則能在實際營運中真正落實？亞馬遜靠的是定價機器人，讓系統自動檢索，自動抓取競品的價格資料，並自動調整亞馬遜自營平台上相應商品的售價，確保時時刻刻都能為顧客提供最低價格。

物流配送

在建設物流中心方面，由誰來負責選址呢？亞馬遜靠的是Mechanical Sensei，這是他們自行研發的一套軟體系統。該系統會根據亞馬遜所有訂單處理資訊及其他相關因素預測需要在哪裡新建物流中心。

在優化配送決策方面，由誰來負責為每個訂單找到最優的配送方式，確保做到速度最快、成本最低？亞馬遜靠的是物流管理軟體系統。早在二〇〇一年，該系統每小時就能完成數百萬次的優化處理。

管理第三方賣家

隨著亞馬遜第三方銷售平台的快速發展，二〇一八年第三方賣家數量已超過三百萬家，交易總額高達一千六百億美元，銷售占比達五八％，連續四年超過了亞馬遜自營業務。

為了推動第三方銷售平台業務發展，由誰來負責賦能第三方賣家，幫助他們提升能力、發展業務呢？答案是智慧工具。

智慧工具會自動綜合海量資料，如銷售的季節性波動、歷來的經營業績、未來的需求預測、競品的商品種類、流動資金的周轉等，協助第三方賣家做出最好的經營決策，如下多少訂單、設多少庫存、如何定價、如何促銷，完成從選品到上架，再到交易付款、訂單處理、物流追蹤及顧客回饋的全部過程。

而針對亞馬遜網站上的第三方賣家，又是由誰來負責考核評價，如何發現害群之馬呢？答案是靠平台系統自動完成。

系統會根據事先設定的監控指標，即時收集分析第三方賣家在各個方面的經營資料，綜合評價每個賣家的經營狀況。評分高的賣家，系統會依據事先訂定的規則，自動給予獎勵；評分低的賣家，系統則會自動發出警告，如果情況嚴重，該賣家甚至有可能被下架。

投資巨大，回報更大

要建立像亞馬遜這樣的跨部門、跨層級、端對端的數據指標系統，要達到非常嚴苛的五項要求（極為細緻、極為全面、即時追蹤、聚焦於因、核實求證），要借助資料演算法、機器學習、人工智慧等數位技術，開發智慧管理系統工具，的確是非常耗費心力，也相當耗費資源的一項重大投資。

在不少人看來，有這樣的數據資料與數位技術當然好，但沒有似乎也不是什麼天大的事。數十年來原始的商業經營，不也都過來了嗎？亞馬遜為什麼要如此堅定不移地在這方面投入巨大的人力與物力呢？

因為亞馬遜的管理者認定，這是一項回報極高的長期投資，而且隨著時間的推移、資料的累積、演算法的疊代更新，這樣的數據指標系統與智慧管理工具能創造的回報會愈來愈高。

釋放組織精力

在很多企業中，組織精力似乎都被消耗在日常的經營管理上。從中層到高層都特別忙，忙著開各式各樣的會議，聆聽各式各樣的工作彙報，處理下屬提出的各式各樣問題。與此同時，雖然喊了很多年的授權與賦能，基層員工發揮自主精神的機會仍然非常有限。

似乎所有問題都得向上級彙報，都等著負責的主管解決，都需要老闆拍板。主管聽著心累，下屬彙報著也累。尤其讓人生厭的是，即便如此嘔心瀝血，同樣的問題也總是反覆出現，周而復始，似乎永遠都沒有盡頭。

在亞馬遜，日常經營管理似乎沒有占據領導太多時間。為什麼呢？因為沒有這個必要。

首先，借助智慧管理工具，不少常規性的經營決策可以自動完成，這就大大減輕了各級領導在日常經營管理上的工作負擔。

其次，透過數據指標系統，日常經營涉及的每個因素都已被即時追蹤、即時分析，而且針對每項指標都已有具體的負責人以及正常的波動範圍。如果某項指標的波動超出了正常範圍，系統就會自動報錯，提示相關人，此負責人也會第一時間自己分析、自己解決。

為什麼在亞馬遜，在大多數情況下，發現問題無須麻煩主管，負責人自己就能搞定呢？這是因為有極為細緻、全面、聚焦於因的即時數據資料，更容易洞見問題的根因，也更容易根據相應的分析找到解決問題的方法，得到需要協同的人的幫助。

如果的確需要幫助，向上一級的主管求助就好；如果還需要集思廣益，下次部門週會上討論就好，無須層層上報，層層審核。

這樣一來，組織的精力就被極大地釋放出來，可以用於思考未來，布局長遠，持續提升。

因此，亞馬遜開會與很多公司的經營分析不同，不會把絕大部分時間用於彙報工作。既然有了即時數據資料，出現的問題基本都有專人自覺地快速解決，為什麼還需要各位主管逐個彙報上一階段各自工作的功勞和苦勞呢？

亞馬遜開會的重點通常在於討論未來。比如，如何解決反覆出現的棘手問題，如何訂定影響深遠的重要決策，如何推動顧客體驗及組織能力的持續提升等等。

推動持續提升

很多企業都號稱自己大力提倡績效文化，持續提升組織效能，卻沒有訂出具體的指標考核，建設有力的數據資料。

只有能被衡量的，才能被提升。沒有明確具體的衡量標準，沒有持續提高的具體要求，所謂的績效文化、組織提升甚至快速更新，都只會流於空洞的口號而已。

在亞馬遜，無論是各級領導還是基層員工，每年制定年度經營計畫時，都需要思考：與今年相比，明年如何持續提升？如果工作內容相同，那麼怎麼做到效率更高、成本更低？如果希望推陳出新，那麼怎樣提高顧客體驗？最終的方案，不僅要有具體的工作計畫，還要有明確的衡量指標以及有挑戰性的提升目標。

一九九九年，傑夫．威爾克一加入亞馬遜就受命提升公司的物流體系。當時，亞馬遜的物流管理還相當原始，每天早上各物流中心的總經理得一起開一個電話會議，協調公司當天物流配送工作的整體安排。

千頭萬緒，威爾克從何著手呢？

威爾克訂定了營運資料指標，要求各物流中心的總經理嚴格追蹤，無論是收到多少訂單、發出多少訂單、每個訂單的分揀包裝，以及物流配送成本等幾十項指標都要做到心中有數、瞭若指掌。

威爾克還成立了由十位頂尖高手組成的供應鏈計算小組，後來這個小組成為亞馬遜的祕密武器，攻克了很多曾經非常棘手的難題，比如在整個亞馬遜物流體系中，眾多商品在不同時間應存放在哪裡，眾多訂單中涉及的眾多商品應如何有效地整合在一起。

這些工作貌似基礎枯燥，但為亞馬遜整體的營運效率、顧客體驗及組織能力的提升打下了堅實的基礎。如果不是這樣，亞馬遜日後也無法推出面向會員兩天到貨的免運服務，以及對第三方賣家創建的物流服務。

正是基於這樣扎實的數據指標系統，以及之後不斷提升疊代的智慧物流管理系統（僅在二〇一四年一年就完成了多達兩百八十項的重大軟體升級⓯），威爾克才敢說，他相信透過不斷降低錯誤率，不斷提升效率，單位物流成本才會每年持續下降。當然，他做到了。在亞馬遜，說到做到是極為重要的。

亞馬遜憑藉極為細緻、極為全面、聚焦於因的即時數據指標系統，憑藉廣泛使用的智慧管理工具系統，透過嚴格追蹤、考量分析每個影響顧客體驗及業務營運的原因，快速發現問題，自動完成常規決策，把組織的精力從重複繁重的日常經營管理中大大地釋放出來。

然而亞馬遜並未因此鬆懈，而是全心投入一項更具挑戰性的工作之中：如何打造永不熄火的創新引擎。請看下一章：創新引擎——顛覆開拓，發明創造。

關鍵速記

運用數據指標，推動智慧經營管理

採取智慧經營管理，將能夠：

- 推動常規決策自動化
- 將團隊的精力從日常管理中釋放出來
- 用於思考未來、布局長遠、持續提升

⑮ 貝佐斯二〇一四年致股東的信。

模組 4

創新引擎

顛覆開拓，發明創造

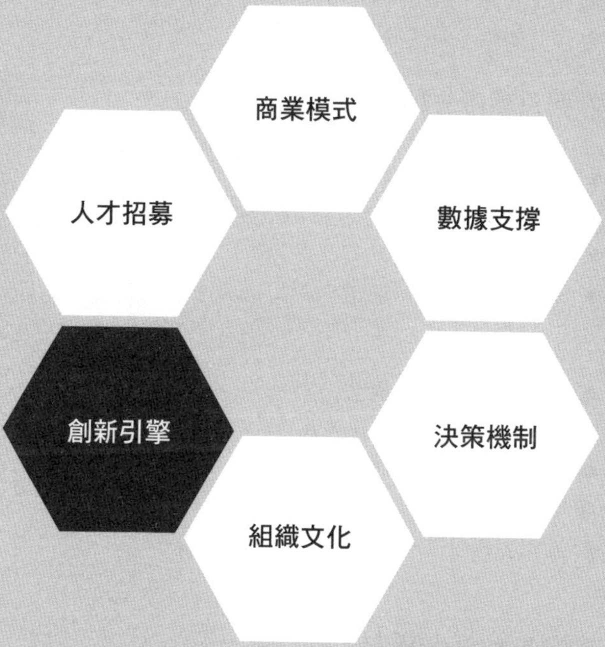

亞馬遜致力於發明創造，致力於打造持續加速、持續顛覆、持續開拓的創新引擎，不僅要取得自身業務的快速成長，還要創造規模巨大的全新市場。

★ 我們將探討 ★

對於創新，你願意付出什麼代價？

- 敢於打造新的能力
- 敢於顛覆現有業務
- 敢於開創全新市場
- 不怕失敗，持續探索
- 不畏艱難，保持耐心

如何持續產生創意？

- 人人都有好的創意
- 要為顧客發明創造
- 優勢必須顯著獨特
- 規模必須非常大

如何打磨好的創意？

- 確定目標客群
- 訂定成功的標準
- 面對困難與障礙

如何推動創意實現？

- 建立全職專案組
- 選對專案負責人
- 全程負責到底

當今時代，變化的速度及幅度都遠超以往。

這意味著「一招打天下」的時代永遠一去不復返了。一味因循守舊，固守傳統業務及傳統模式，過去的輝煌恐怕難以為繼。

不僅如此，更可怕的是，現在的成功似乎愈來愈短暫，一次突破性創新能帶來的優勢似乎愈來愈有限。企業如果想要立於不敗之地，必須持續創新，不斷開拓。

說起來容易，做起來實在是太難了。放眼全球，真正能做到的企業又有哪些呢？

二〇〇三年，《創新的兩難》（*The Innovator's Dilemma*）一書作者、哈佛商學院的克里斯汀生（Clayton M. Christensen）教授，在接受《高速企業》（*Fast Company*）雜誌訪談時曾非常悲觀地說，還沒有看到任何一家公司成功打造出永不熄火的破壞性創新引擎。

在這方面，亞馬遜可謂獨樹一幟。

創業之初，貝佐斯就帶領高層團隊認真研讀了克里斯汀生教授的書及理論，並致力於發明創造，打造持續顛覆、持續加速、持續開拓的創新引擎。亞馬遜不僅取得了自身業務的快速發展，還創造了規模巨大的全新市場。

也許這就是為什麼二〇一二年《財星》（*Fortune*）雜誌將貝佐斯稱為「終極顛覆者」，二〇一七年《高速企業》雜誌把亞馬遜選為年度全球最具創新精神的企業，二〇一八年《富比士》（*Forbes*）雜誌評選了全球最具創新力的公司，亞馬遜也榜上有名。

那麼在創新方面，亞馬遜究竟有什麼獨門絕技呢？

對於創新，你願意付出什麼代價？

很多企業也想發明創造，也想推出極具顛覆性、開創性的產品及服務。因為大家都知道，這樣的創新一旦成功，其商業價值是巨大的。不僅市場空間大，市占率高，而且利潤空間也極為誘人，如ＩＢＭ的主機、英特爾的晶片、微軟的作業系統。

然而可不是人人都能發明創造。就像銅板的兩面，前述的豐厚回報，只是發明創造表面光鮮的一面，其背面的困難艱辛，往往超出常人的想像。

很多企業在強調創新精神、提倡研發時，最缺乏的就是對其另一面的充分認知。正是因為缺乏正確認知，人們就會憑著趨利避害的本能，選擇盡可能不付出代價，或少付出代價。殊不知，不願付出創新的代價，恰恰斷送了創新成功的可能。

那麼，企業要打造持續顛覆、不斷開拓的創新引擎，必須付出的代價究竟是什麼？

敢於打造新的能力

貝佐斯認為，商業模式的發展有兩條路徑。一是從自己現有的能力出發，基於現有的核心競爭力，思考未來還有哪些提升空間。二是從顧客未來的需求出發，基於未來如何滿足顧客需求，倒推回來，思考自己需要建設哪些新的核心能力。

過去幾十年，很多企業的預設發展模式就是第一條路徑，核心競爭力理論就是這麼說的。這樣做雖然順理成章，更容易成功，但其發展空間十分有限。

亞馬遜要走的，正是第二條路徑。這意味著：亞馬遜必須敢於踏入全新領域，敢於從零開始打造自己尚不具備的關鍵能力，並快速將之打造為能贏在未來的核心能力。

這就是為什麼早在二〇〇四年，獨自面對幾乎所有人的反對，貝佐斯會毅然決然地選擇自行開發電子書閱讀器，即今天的Kindle。

當時，大家反對的理由非常充分。且不說電子產品處於競爭何等激烈的產業，單說做好電子產品所需的關鍵能力，尤其是硬體開發，就是當時電商出身的亞馬遜完全不具備的。在大家看來，電子產品與圖書電商簡直是完全不同的兩個世界。

然而，貝佐斯看到的不是形式的不同，而是實質的統一，即無論是圖書電商，還是電子書閱讀器，只是滿足同一顧客需求的不同方式。

貝佐斯思考的不是現在，而是未來，即重要的不是現在會什麼，而是企業要活在未來、贏在未來，需要什麼能力。如果電子閱讀是未來的大勢所趨，甚至有可能（至少在一定程度上）取代紙本書，亞馬遜就必須打造全新的核心能力，就算再難，也必須去做。

這就是貝佐斯的思維邏輯，也是亞馬遜選擇的發展路徑。

敢於顛覆現有業務

很多企業明明坐擁創新先機，卻把一手好牌打爛的關鍵原因，就是不敢挑戰現有業務。

最典型的案例就是柯達（Kodak）。柯達在其鼎盛時期的市占率是全球底片市場的八〇％以上。後來則是蔚為主流的數位相機，將這個曾經的巨人，一步步逼進了破產的困境。

令人唏噓的是，當年最早發明數位相機的，不是別人，正是柯達自己。因為不敢顛覆自己的現有業務（底片），柯達選擇了隱藏數位相機技術。

類似的案例，還有美國最大的連鎖書店——邦諾（Barnes & Noble）書店。早在一九九九年，亞馬遜還非常弱小時，貝佐斯在接受採訪時就說，邦諾和亞馬遜根本就不是競爭對手。

為什麼呢？因為邦諾雖然也推出了線上服務，但其使用網路等新技術的出發點是為了鞏固現有的線下業務。而亞馬遜要做的是，充分利用新技術，創造全新的顧客體驗，開拓全新的市場空間。

基於這樣的認知，貝佐斯在決定做電子書閱讀器時，就明確地對該專案負責人說：「你的工作，就是要幹掉自己的業務……就是要讓賣紙本書的人都失業。」

這位仁兄此前負責的，正是亞馬遜圖書業務。既然要做電子書閱讀器，就要做到極致，好到讓大家都不讀紙本書，好到讓賣紙本書的人都失業，其中當然也包括亞馬遜自己。

敢於開創全新市場

在創新方面，亞馬遜特別令人欽佩的是其開創性。他們的想像力似乎特別豐富，從來不會因為沒有先例或沒有現成的市場而裹足不前。

過去幾十年，大大小小的企業都需要建設自己的網路系統，需要自己購買硬體和軟體，如果自己不會搭建網路，還得請外部的系統代理公司或者ＩＴ顧問公司幫忙完成。

然而，網路服務改變了這一切。從那時起，企業多了一種選擇，即無須投入巨額固定資產，無須自建複雜系統，可以借助第三方廠商提供的網路服務，更快速、更靈活、更低成本地完成系統搭建。

在亞馬遜之前，從未有人如此嘗試，從未有人如此要求，而且傳統企業經營思路主張的，是企業應對其核心能力嚴格保密、嚴禁外傳。

然而亞馬遜打破這一切，開創了一個規模巨大、增速驚人的全新市場——雲端服務市場。

雲端服務市場始於二〇〇六年，是亞馬遜推出的簡單儲存服務，之後微軟於二〇一〇年、Google 於二〇一二年才跟進，殺入這個市場。

不怕失敗，持續探索

發明創造是艱辛之路，其間伴隨著一次次的失敗與一次次的重新再來。想要推動創新、持續研發，就必須接受失敗，甚至擁抱失敗。因為每一次失敗的探索，都能讓我們與最終的成功更接近一些。正是因為不怕失敗，才能放下顧慮，才能更加勇敢地向前探索。

亞馬遜對此認識深刻，甚至把這種認知視為自身獨特的競爭優勢。貝佐斯在二〇一五年致股東的信中談道：

「我們最與眾不同的地方，就是如何看待失敗。我相信，我們是全世界最能包容失敗的地方（這樣的例子有很多）。我們堅信，發明創造與挫折失敗是一體兩面、相互依存的……很多大公司都說要推動研發，但就是不願意接受過程中不可避免的挫折與失敗。」

其實，亞馬遜在二十五年的發展歷程中也經歷過很多失敗。如表2所示，就是亞馬遜經歷過的十八項重大失敗[16]。

表 2　亞馬遜重大失敗項目

編號	失敗項目	上線時間	終止時間
1	Amazon Auctions（亞馬遜拍賣平台，類似 eBay）	1999	2000
2	zShop（Marketplace 第三方平台的前身）	1999	2007
3	A9 search portal（搜尋平台）	2004	2008
4	Askville（問答平台）	2006	2013
5	Unbox（串流影片購買及下載服務）	2006	2015
6	Endless.com（高端服飾平台）	2007	2012
7	Amazon WedPay（免費轉帳平台）	2007	2014
8	PayPhrase（快速支付系統）	2009	2012
9	Webstore（幫助中小企業自建線上銷售平台）	2010	2016
10	MyHabit（時尚類平台）	2011	2016
11	Amazon Local（在地生活服務平台）	2011	2015
12	Test Drive（購買前免費試用服務）	2011	2015
13	Music Importer（線上音樂儲存平台）	2012	2015
14	Fire Phone（線上音樂儲存平台）	2014	2015
15	Amazon Elements Diapers（亞馬遜自營嬰兒紙尿褲品牌）	2014	2015
16	Amazon Local Register（亞馬遜移動便攜 POS 機系統）	2014	2015
17	Amazon Wallet（亞馬遜錢包）	2014	2015
18	Amazon Destinations（亞馬遜線上旅遊服務）	2015	2015

⑯ 哈佛商學院案例〈沃爾瑪挑戰亞馬遜〉（Walmart Inc. takes on Amazon.com）。

面對微不足道的挫折失敗，做到包容似乎還不那麼難。真正的考驗在於，如何面對重大失敗，尤其是那些損失高達好幾億乃至數十億美元的重大失敗。

貝佐斯認為，隨著業務領域的發展及公司規模的提升，研發的規模也需要相應擴增，否則太小的創新相對於巨大的業務量而言，實在不足以帶來什麼真正的影響與改變。研發規模的擴增意味著實驗規模的擴增，也就意味著失敗規模的擴增。

因此，貝佐斯在二〇一八年致股東的信中首次提出了「損失高達數十億美元的重大失敗」的概念，並強調：「亞馬遜還會投入按公司現有規模能接受的試錯，哪怕有時要繳交數十億美元的『學費』。當然，我們不會輕率進行這樣的實驗。我們會努力確保這些實驗是正確的，但並非所有正確的選擇最終都會產生期待的回報。」

亞馬遜手機就是這種「損失高達數十億美元的重大失敗」，當年光是一季的庫存核銷就高達一．七億美元。

然而，這一失敗並未讓亞馬遜灰心喪志，就此退出硬體業務。相反，亞馬遜汲取了手機失敗的經驗教訓，把經過失敗洗禮的專案團隊及相關技能，投入於智慧型喇叭及智慧型語音助理的開發工作。

之後的故事，大家就都知道了，亞馬遜在這兩個全新領域——智慧型喇叭及智慧型語音助理，都取得了巨大成功。

不畏艱難，保持耐心

發明創造是艱難的，而且從效率的角度來看，無疑是低效的。在探索未知的過程中，不僅要面對挫折失敗，而且要面對巨大的不確定性。究竟能不能取得突破？究竟什麼時候才能取得突破？全是未知數。

相較於研發，承襲現行做法，遵循傳統方式及參照最佳實踐則更有優勢：不僅效率高，確定性強，而且做起來特別得心應手，顯得執行力超強。既然如此，何樂而不為呢？很多人就是為了效率、確定性、執行力，有意無意間就與發明創造失之交臂。

貝佐斯則認為，**對於發明創造，就不該把追求效率放在第一位。**

在很大程度上，指引創新的是直覺、勇氣、靈感和好奇心。發明創造的過程需要不斷地實驗、失敗、思考、修正、重來，甚至是停下來換個思路再重啟，如此往復，一遍又一遍。

這是一個探索未知的過程，同貝佐斯所說：在探索未知的過程中，通往成功的道路絕不可能是筆直的，而是蜿蜒向前。尤其是那些可能帶來重大突破、創造巨大價值的顛覆性創新，更需要保持耐心，給予其足夠的時間與空間。

亞馬遜的各項重大突破都經歷了這樣的耐心等待，其時間單位不是月，而是年。從有想法到上市，亞馬遜網路服務經歷了兩年多，電子書閱讀器經歷了三年半，智慧型喇叭經歷了四年。

如何持續產生創意？

好的創新都源於某個創意，剛提出時，也許有些其貌不揚，也許有些痴人說夢，也許有些離經叛道，但經過精心打磨、持續進化，就可能釋放出奪目的光芒。

要想打造永不熄火的創新引擎，首先要解決的就是，如何持續獲得好的創意，如何從中選擇好的創意。亞馬遜在這方面是怎麼做的呢？

人人都有好的創意

很多人都曾有過靈感一現的巔峰時刻。但很多靈感也僅限於迸發的那一刻，之後絕大多數人選擇了沉默不語，忽略不計。

為什麼會這樣？達美樂披薩（Domino Pizza）公司執行長派翠克·道爾（Patrick Doyle）認為，這是因為人們心存顧慮，他們擔心說出來，可能不被認可；就算被認可，技術上也可能做不出來；就算做出來，上市之後，商業上也未必能成功[17]。總之，在各種顧慮之下，很多靈感就這樣被埋沒。

---

[17] 引用自《哈佛商業評論》（*Harvard Business Review*）雜誌，〈可口可樂、網飛、亞馬遜如何以失敗為師〉（How Coca-Cola, Netflix, and Amazon Learn from Failure）一文。

那麼怎麼做才能讓同仁放下各種顧慮，大膽地把不成熟的創意、甚至是有些瘋狂的想法，勇敢地講出來呢？

亞馬遜自創了一個名為「點子工具」（Idea Tool）的方法，鼓勵大家不要考慮技術上或商業上是否可行，想到什麼創意就大膽地暢所欲言。大家都可以自由瀏覽，高層領導也可以直接看到。

亞馬遜尊榮會員服務的最初創意就源於此。二〇〇四年，一位基層的軟體工程師查理．沃德（Charlie Ward）在點子工具上建議：是否可以參照自助餐的模式，以支付會費的方法，為那些在意時間的顧客提供快速送貨服務。

漸漸地，大家對沃德的創意愈來愈關注，愈來愈有興趣。貝佐斯看到後立即召集相關人員，週六在他家後面的船屋裡開會並現場決策，就此啟動了對亞馬遜未來發展影響深遠的尊榮會員服務。

截至二〇一八年年底，亞馬遜全球的尊榮會員總數已破億，光是會費收入一項就高達百億美元。

要為顧客發明創造

大家都知道，貝佐斯最強調的原則，就是「顧客至上」。

貝佐斯究竟為什麼如此熱愛顧客、堅持顧客至上呢？原因有很多，其中之一是「愛他們的永不滿足」[18]。無論現有的產品及服務水準如何，顧客總是期待更好，這意味著更多的選擇、更低的價格、更便捷的服務。人性使然，永無止境，昨天「哇」一聲的興奮驚喜，很快會變成今天「哦」一聲的稀鬆平常。

亞馬遜就是要把顧客的這種永不滿足變成不斷鞭策自己前進、不斷激勵自己創新的動力，持續不斷地為顧客發明創造。

很多企業說是以顧客為中心，實則事事瞄準競爭對手。亞馬遜為什麼不這麼做呢？因為聚焦對手意味著消極被動，意味著總在等待，等著對手或是別的潛在對手去開創、去顛覆。

---

[18] 貝佐斯二〇一六年致股東的信。

真正聚焦顧客、真正痴迷於如何讓顧客驚喜，能讓組織更加積極進取，更加勇於探索未知，更加敢於當第一個。正如貝佐斯在二〇一八年致股東的信中談到的：「在我們之前，沒有顧客提出需要智慧型喇叭。這是我們在探索未知中萌生的靈感，市場調查沒有提供幫助。如果你在二〇一三年拜訪顧客，問他們，『你們會想要一個放在廚房裡永遠開著的黑色圓筒嗎？它跟洋芋片罐子差不多大，你可以跟它說話，向它提問，它還能幫你開燈、播放音樂』，我敢向你保證，他們會奇怪地看著你說：『不，謝謝。』」

優勢必須顯著獨特

要想讓顧客持續滿意，不斷給顧客帶來驚喜，創意必須與眾不同，優勢必須顯著且獨特，最好是亞馬遜獨有的。

很多年來，大家都問貝佐斯亞馬遜會不會開實體店面。貝佐斯的回答都是會開；但要開，就得跟傳統方式不一樣。

大家問了很多年，也猜測了很多年，終於有了答案——亞馬遜無人零售店。在那裡，顧客進門買東西，出門不需要排隊結帳，拿了東西直接出門就好。很多顧客將之稱為「神奇體驗」，驚喜之情溢於言表。

這就是貝佐斯大力宣導的：敢於想像不可能。亞馬遜要發明創造的，就是這樣完全超乎顧客想像的神奇體驗。

規模必須非常大

在亞馬遜，好的創意必須夠大。如果一個創意成功之後只能服務幾百或幾千名顧客，那麼在規模上就不符合要求。

規模多大才算非常巨大呢？亞馬遜要的創意，必須能服務全球數以億計的消費者或數以百萬計的企業。

當今時代，透過網路及數位技術，跨越全球的服務成本已不再是不可逾越的障礙。

對於亞馬遜，一年兩千多億美元的收入水準還只是階段性的小型目標。它看到的是規模近三十兆美元的全球零售大市場，其下一個小目標是上兆美元的收入。因為即便達到一兆美元的目標，在全球零售大市場中的份額，也只不過是個位數而已。

在接受《高速企業》雜誌專訪時，貝佐斯說道：「我們的工作就是要創造全球顧客都喜歡的極致體驗。」為什麼在極致體驗前面，要加上「全球顧客」？因為只有做到這樣，規模才能非常大。

為什麼要求規模巨大呢？因為與創新、與發明創造相伴而來的是風險。既然失敗在所難免，只有「規模巨大的成功」（Big Wins），才能彌補多次失敗帶來的損失。

亞馬遜網路服務就是這樣大規模的成功，僅二〇一八年一年就獲得了兩百六十七億美元的收入和七十三億美元營業利潤的佳績。一次這樣的成功，的確可以覆蓋多次失敗的損失，甚至是高達數億乃至數十億美元的損失。

更何況，除了亞馬遜網路服務，亞馬遜還取得多項其他領域的大規模成功，如 Marketplace 第三方銷售平台、尊榮會員以及智慧型喇叭等。

做到規模非常巨大的必要條件是什麼呢？答案非常地簡單，就是「簡單」

本身。

賈伯斯一直認為，最好的設計是最簡單的。對此，貝佐斯也非常贊同。他認為，簡單能讓服務更快捷，讓顧客更易用，讓體驗更直覺，當然也會讓成本更低。與複雜相比，簡單更容易快速擴散。

正是基於這樣的理念，亞馬遜第三條領導力原則就是「創新簡化」。

如何打磨好的創意？

獲得好的創意，本來就很不容易。一旦發現好的創意，很多企業的通行做法是馬上付諸實施，尤其是高層團隊特別重視的創意，必然是馬上許可，馬上給預算執行。

然而亞馬遜的做法截然不同。有了好的創意，他們做的第一件事是撰寫「新聞稿」（press release）。

亞馬遜又不是新聞媒體，其新聞稿裡到底寫什麼？又有什麼用呢？

這可是亞馬遜的「獨門心法」。亞馬遜透過這個方法從未來倒推回來，思考過程中會遇到的困難與障礙，訂下成功標準及指導原則，完成對創意從初步概念到實施規劃的細緻打磨。

亞馬遜前高階主管約翰·羅斯曼以亞馬遜第三方銷售平台Marketplace開發為例，草擬了這份新聞稿：

亞馬遜宣布第三方銷售大幅成長，買家與賣家都欣喜

來自西雅圖報導：亞馬遜今天宣布了第三方銷售平台的經營業績。第三方平台成長趨勢迅猛，不僅成功推出十個新銷售類別，而且訂單數占比已快速攀升至三〇%。

借助第三方銷售平台的快速發展，亞馬遜已成為顧客滿足日常生活所需的首選網購平台，無論是服裝配飾、運動器材、家居裝飾、珠寶電器，亞馬遜都一應俱全。在亞馬遜，選擇更多、價格更好、體驗更優。

第三方銷售平台的開發難度很高。負責開發工作的約翰·羅斯曼解釋：

「為了給第三方賣家創造極致的銷售體驗，我們克服了很多技術難關。現在賣家註冊、產品展示、顧客下單及訂單物流等工作，完全無須人工處理，全部都可讓第三方賣家自助完成。」

短短不到三百字的新聞稿，究竟能起到什麼作用呢？這篇新聞稿貌似平淡無奇，實則非常關鍵，因為透過撰寫新聞稿，亞馬遜回答了指導未來研發工作的三個核心問題：

一、目標客群是誰？

二、成功的標準是什麼？

三、可能遇到的困難與障礙有哪些？

確定目標客群

亞馬遜在機制設計上處處強化顧客至上的原則。每個點子、每次創新、每項研發的源頭都是顧客。在撰寫新聞稿時，團隊必須從顧客視角出發，並回答以下問題：

- 目標客群是誰？
- 他們會如何使用？
- 新的顧客體驗是什麼？
- 原有的顧客體驗是什麼？
- 切換到新的體驗，需要顧客做什麼改變？
- 相較於原有的顧客體驗，他們為什麼喜歡新的？在他們眼中，新的顧客體驗究竟有什麼好處？

如果目標客群不是最終端的使用者，那麼針對最終使用者，需要逐一回答上述這些問題（以第三方平台為例，除了線上購物的消費者，第三方賣家也應視為顧客）。

在亞馬遜思考顧客體驗時，他們會考慮從顧客了解到下單、付款，再到售後、使用的全部過程。在顧客體驗的全過程中，每個接觸點都非常重要。無論是由亞馬遜自己提供服務，還是由第三方提供服務，顧客體驗都必須完好。因為顧客並不在乎具體由誰負責或出了問題責任在誰。他們只要不滿意，就會去別的地方。

因此，雖然是由第三方賣家提供產品及服務，但必須提供優質的顧客體驗，也必須像亞馬遜的自營平台那樣，為顧客提供更多的選擇、更低的價格、更便捷的服務。

訂定成功的標準

談到成功的標準，很多人不免心存疑慮。

創新與創造都是極具不確定性的事，最後究竟能不能做出來都還不知道，怎麼可能還沒開始就訂出成功的標準呢？因此，很多公司採取的方式是先做起來，至於最後結果如何，那就只能是走一步算一步了。

但在亞馬遜，創意的點子若想獲得許可，就必須在還沒開始的時候就訂定出成功的標準，不僅要明確成功標準，各項標準還要有挑戰性、夠具體、可衡量。

為什麼強調挑戰性呢？亞馬遜認為，如果把成功的標準定得太低、太輕而易舉，便無法有效激發大家的潛能及創造力。只有在面臨巨大困難，在常規方法都不管用時，創造力才能被逼上舞台，平常看不到的潛能才有可能在此時大放異彩。

以第三方銷售平台為例，亞馬遜二十年前曾多次試圖攻克，但都收效甚微。一九九九年，亞馬遜推出了亞馬遜拍賣，結果大失所望，第二年就終止服務了，當年還推出了zShop這個平台，讓中小企業在那開店，但也沒什麼起色。二〇〇〇年十一月，亞馬遜在整合拍賣和zShop業務的基礎上，推出了向第三方賣家開放的第三方平台Marketplace。一九九九到二〇〇〇年，第三方銷售占比仍僅停留在三％。

在這樣的背景下，你就能看出，當年團隊提出三〇％的第三方銷售占比目標多麼有挑戰性。當然，這個目標也符合「夠具體、可衡量」的要求。

如果涉及新產品或新服務，在新聞稿中還必須提出具體可行的上線日期。

訂定具體上線日期的目的，不僅在於讓大家在專案啟動前深入思考，少說空話，更是因為把目標寫下來也是很好的倒逼機制，能讓大家在遇到困難時有更大的動力，能更進一步堅持。

與所有成功標準一樣，上線日期也必須定得有挑戰性。比如當貝佐斯在那個週六決定啟動亞馬遜尊榮會員服務專案時，上線日期也隨之確定，即公布下次業績時，就要正式對外發布並上線。這意味著專案團隊只有八週的時間，完成從創意到實現的全過程。

亞馬遜正是因為從一開始就訂出了具有挑戰性、夠具體、可衡量的成功標準，創新專案的推進工作才能更加聚焦，潛力與創造力才能更好地被激發，而且最終做得究竟好不好才能有明確具體的評價標準。

面對困難與障礙

既然鼓勵大家敢於想像不可能，敢於開創全新市場，敢於訂下極具挑戰性的成功標準，那麼要把這樣的大膽創意變為現實，過程中肯定會遇到各種艱難險阻。

面對這些困難與障礙，怎麼辦？

很多企業在啟動專案時，不會考慮太多，本著到時候再說的心態，逢山開路、遇水搭橋。正是因為持有這種心態，在實際工作中，才會出現「原本的大膽創意，後來卻愈做愈小」的情況。若一遇到困難就繞道而行，難免又繞回老路上，原本期待的突破性創新，自然也就落空了。

充分認知到這樣的問題，亞馬遜要做的就是從機制和源頭上解決。因此，亞馬遜在撰寫新聞稿時，必須深入挖掘可能遇到的困難與障礙，然後再訂出必須堅持的設計原則。言下之意：有困難是正常的，關鍵在於什麼是不能迴避的，什麼又是必須堅持的。

以第三方銷售平台為例，為確保顧客體驗，如何監督第三方賣家的表現，如何幫助他們持續提升，是至關重要的問題。最常見的思路是，請相關專家對第三方賣家進行培訓、顧問、評鑑；表現好的給予獎勵，表現不好的給予回饋，有特別需求的，還可以請專家進行現場指導。

這樣的思路本身無可厚非，但存在一個致命傷，就是難以標準化、規模化，因此即便成功，也很難做到快速大量，很難實現亞馬遜要的「規模非常大」。

因此，當年的研發團隊給自己訂下的設計原則就是：賣家自助服務，自動監督管理，無須人工處理。要做到，當然很難，但這就是不能迴避的困難，而且是必須堅持的原則。

如此看來，想寫好新聞稿，就要清晰回答指導未來研發工作的三個核心問題，即目標客群是誰、成功的標準是什麼、可能的困難與障礙有哪些，還真的需要深度思考、反覆琢磨。為了充分說明問題，亞馬遜在寫好新聞稿後，還會加上常見問題解答（frequently asked questions，簡稱FAQ），對過程中的這些思考及決策時可能會被問到的問題進行詳細闡述。

事實也是如此，撰寫新聞稿的確是件「苦差事」，需要經過多次修改，改個十來遍也都屬於正常情況。

如何推動創意實現？

透過新聞稿，明確目標客群、成功標準、可能遇到的困難與障礙以及必須堅持的原則，就完成了對創意從初步概念到實施規劃的打磨。

那麼如何推動創意實現呢？大家都知道要成立專案小組，也知道貝佐斯有個著名的「兩個披薩小組」（2-Pizza Team，簡稱2PT）理論，就是說專案組人數不能太多，通常是六到十人，加班時，只要訂購兩個披薩就能吃飽。

於是許多企業紛紛效法，成立了規模類似的專案小組。但經常是一段時間之後，又鬱悶地發現，結果似乎沒什麼改變。

問題究竟出在哪裡呢？亞馬遜專案組模式的精髓到底是什麼？原來，關鍵不在於人數，而在於全程負責到底，還在於選擇正確的專案負責人。

建立全職專案組

在推動創意實現時，亞馬遜會為這個創意點子成立「獨立的單一執行專案組」（separable, single-threaded team）。這是什麼意思呢？其背後的指導原則，可以概括為三個關鍵字：全職、跨領域、集中辦公。

為什麼要強調全職、跨領域、集中辦公呢？因為創造力源於心無旁騖與全部精神投入，必須深度地沉浸其中，也要有跨領域的交流碰撞。

就像創業公司的草創團隊，幾個人往往是各有所長，成天在一起，不斷探索、實驗、討論。一種方法不行，換個方法再來。遇到棘手問題，大家一起探討。你一言，我一語，不知何時就靈感乍現，也許突破就在眼前。

創新、研發的確需要打破大公司既有的組織架構，還原到創業的初始狀態。每個專案組，就像創業公司的草創團隊一樣，需要時時刻刻在一起並肩戰鬥。很多企業在效法亞馬遜兩個披薩小組模式時，恰巧忽略了這一點。

全職、跨領域、集中辦公三條之中，最難做到的就是全職，但這也是關乎成敗的關鍵。

很多公司的重點專案，通常都是由某副總掛帥，該副總下屬的某總監擔任專案組負責人，然後再抽調相關部門的精兵強將加入其中。

問題是這些人才往往都是一個蘿蔔一個坑，每個人都有自己原本的全職工作，必須對各自部門的業績目標負責。因此，每個人的工作量都已經滿載，根本沒有額外的時間和精力全力以赴地推動重點專案。

這樣一來，這些重點專案往往是雷聲大雨點小：啟動時轟轟烈烈，推進時稀稀落落，經常是開個專案會議連人都湊不齊。至於最後的結果，經常是大事化小、小事化了，然後不了了之。這樣的經歷，想必多數人都似曾相識。

選對專案負責人

在亞馬遜執行專案時，首先要選專案負責人。雖然好的負責人未必能保證專案成功，但差的負責人通常都能輕而易舉地把好好的創意搞得一團糟。

亞馬遜對專案負責人的選擇極為重視，貝佐斯及高層團隊會親自參與。事實上，亞馬遜每個重大的突破創新背後，都有一位卓越的專案負責人。

回到一九九九年，是誰負責改造亞馬遜的物流體系，把物流能力打造成核心競爭力，為日後推出對外的亞馬遜物流服務打下了堅實的基礎？正是傑夫．威爾克。今天，他已成為亞馬遜資深副總裁，全球零售業務的執行長。亞馬遜物流服務的重大意義，並不限於對外創收，更重要的在於，它是維繫亞馬遜生態體系的重要基礎設施。

是誰在沒有先例的情況下，開創了全新的網路服務市場，不僅成功開闢了大規模的新業務——亞馬遜網路服務，還成為全公司重要的利潤來源？這位負責人是是安迪．傑西。他也已成為亞馬遜資深副總裁，亞馬遜網路服務的執行長。二〇一八年，亞馬遜網路服務在公司總收入中占比僅為一一％，但在總營業利潤中占比高達五九％。

又是誰負責，在零基礎的情況下，殺入競爭慘烈的消費電子市場，建立了新的團隊，打造了新的能力，不僅成功推出了電子書閱讀器，還為日後各項硬體產品的突破開創了一片新天地？這位負責人是史蒂夫．凱塞爾。他也是亞馬遜資深副總裁，負責線下零售業務。

在選擇專案負責人時，技術專長並非首要指標。比如，安迪．傑西就不是技術出身，史蒂夫．凱塞爾對硬體也不擅長。

作為專案負責人，尤其是作為研發類專案的負責人，意志堅定、有領導力是更重要的特質及技能。遇到困難是否能夠堅持下去，迎難而上，不放棄？面對大家的不同特點、不同風格、不同意見，是否能夠相互包容，有效激發每一個人的潛能與創造力，把大家團結在一起？

換句話說，光有智商是不夠的。對於創新研發專案的負責人來說，情商、逆商都要高。

全程負責到底

在很多公司中，創新工作往往是各自管轄。行銷部門負責需求輸入，研發部門負責新品開發，製造部門負責降本提效，銷售部門負責賣給顧客。

如果新產品業績好則罷，如果業績不好，很容易出現相互推諉、相互指責的情況。比如，大家怪行銷部門的需求輸入有問題；怪研發部門的產品設計有漏洞或缺陷；怪製造部門的成本控制不到位；當然，到最後，所有人都可以怪銷售部門臨門一腳不給力，之前的工作做得再好有什麼用？

這樣的戲碼，幾乎在每間企業都會上演。面對這樣的大難題，亞馬遜是如何處理的呢？

亞馬遜的機制是：專案組——尤其是核心成員——要從開發到營運，全程負責到底。

只有這樣，責任才能真正明確，無法推卸，確保大家從專案伊始就為最終結果負責。用貝佐斯的話來說，就是「吃自己的狗糧」（Eat your own dog food），即是指「自己的專案，再怎麼樣也要扛下來」。

當然，如果採取這樣全程負責到底的模式，隨著開發工作推進、業務機會逐步明朗，以及更多人才的加入，專案組的規模自然也會隨之擴大。因此，之前講到的兩個披薩小組只是專案剛開始的初始狀態，而不是專案推進過程中的持續要求。比如，負責智慧型喇叭開發工作的專案團隊，在專案後期，規模已高達兩千人。

亞馬遜在推動創新方面，致力於研發，致力於打造持續加速、持續顛覆、持續開拓的創新引擎，不僅要取得自身業務的快速成長，還要創造規模巨大的全新市場。

亞馬遜所取得的成就，也是有目共睹的。連一向以最高標準要求自己的貝佐斯，也曾在致股東的信中，充滿驕傲地說過，發明創造已成為亞馬遜的組織基因。

然而，過去的輝煌並不能保證未來的光明。只要稍有鬆懈，創新引擎就會出現減速、遲鈍、空轉甚至熄火等問題。

如何防範這種風險呢？貝佐斯認為，決策機制的作用至關重要。

他說：「雖然公司規模與日俱增，但是我們仍堅守初心，致力於打造永不熄火的創新引擎……我們是否能成功呢？我很樂觀……

「當然我也認為，真要做到很不容易。我們會面臨很多陷阱，其中有些非常隱祕，不少表現優異的大企業也無法倖免……因此，亞馬遜必須建立有效的團隊機制及組織能力，防範落入這樣的陷阱。

「在各種陷阱中，大企業最容易落入的，就是『一套標準』的決策機制。以這樣的方式決策，組織運行的速度及靈活性會受到嚴重影響。」

那麼，亞馬遜的決策機制是什麼？他們是如何在規模非常大的情況下，還能有效確保組織運行的速度及靈活性？又如何確保創新引擎的高效能，甚至加速運轉呢？

讓我們一起進入下一章：決策機制——既要品質，更要速度。

關鍵速記

能夠落實創新的方法

把創意方案寫成新聞稿，需包含：

- 目標顧客是誰？
- 成功的標準是什麼？
- 可能遇到的困難與障礙有哪些？

「專案小組」的精髓在於：

- 選擇正確的負責人
- 核心成員必須全職投入、全程負責

模組 5

決策機制
既要品質，更要速度

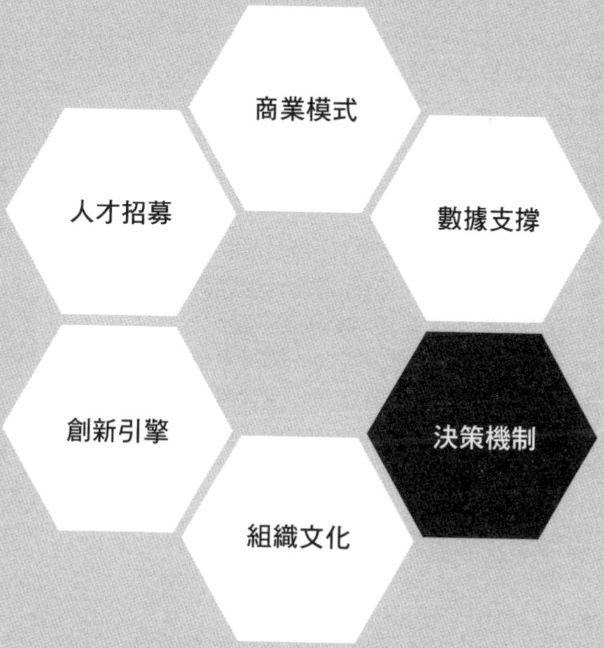

亞馬遜在重視決策品質的同時，更強調決策速度，不僅做到既快又好，而且形成了一套明確具體的決策原則和方法，就連第一線團隊都能按一致的要求做好決策，從而落實授權賦能。

★ 我們將探討 ★

如何提高決策速度？

- 決策分類：按性質不同分成兩類
- 決策授權：第二類決策大膽授權
- 授權給誰：誰具體負責就誰決策
- 加快審核：從層層審核改為聯合審核
- 常規決策：盡量數位化決策

重大決策如何既好又快？

- 挖掘真相：全面準確，不能有疏漏
- 想像變化：放眼未來，想想什麼會變
- 反對一團和氣：不同觀點激烈碰撞
- 不必全體同意：保留己見，服從大局
- 遺憾最小模型：人生苦短，少留遺憾
- 萬一決策失誤：充分吸取教訓，持續學習提升

如何提升組織的決策能力？

- 統一原則：面臨衝突如何取捨
- 獨特方法：告別 PPT，深度思考
- 親自踐行：率先示範，行勝於言

「生存，還是毀滅？」這是一個問題。

選擇決策，不僅對莎翁筆下的哈姆雷特王子是極其痛苦的，對我們大多數人而言，也不容易。多少人生美好時光，無盡消磨於判斷不清、猶豫不決、後悔不已。

當今時代，變化的速度和幅度都遠超以往。這意味著，相較以往，當今時代對企業決策能力提出了更高的要求，尤其是決策速度。

數位時代，決策必須既好又快，重點在「快」。

這是為什麼呢？因為這些傳統企業的組織層級較多，各部門常常各自為政，很多資料資訊缺乏即時蒐集、統一管理，而且很難在各職位、各業務、各區域、各層級及各部門間打通。

雖然近年的企業管理都在大力提倡「授權賦能」，但基層員工，甚至不少中高層的主管階級，都不了解業務經營的全貌。這樣即便有決策權限，做出的決策往往也只是局部，而非全局。

在這樣的體制與機制下，真正能看到全貌的，只有最高層的幾位領導者。

往往為了保證決策品質，大事小情最終還得層層上報，由大老闆拍板。這樣一來，決策速度自然就快不起來，授權賦能也只能是說說而已。

這種情況在傳統企業中還是比較常見，因為與數位時代智慧化的組織不同，傳統組織設計的首要原則，本來就不是為了要快速靈活，而是為了能有效管控。

在決策機制方面，亞馬遜讓人欽佩的是，他們不僅做到了既快又好，而且形成了一套明確、具體、統一的決策原則和方法，這樣一線團隊就能做好決策，從而落實授權賦能。亞馬遜是怎麼做的呢？

如何提高決策速度？

講到決策，貝佐斯特別看重決策速度。正如亞馬遜在其領導力原則中寫的那樣：「速度對業務，至關重要。」

決策分類：按性質不同分成兩類

在貝佐斯看來，很多傳統企業決策速度慢，關鍵原因就是對決策沒有分類，不管輕重緩急，都用一套過程繁複的耗時方式進行決策。為此，他按決策性質的不同，把決策分成了兩類，並提出了不同要求。

第一類決策是指結果影響巨大、事關生死且不可逆的重大決策。就像是單向門，一旦決定邁過這道門，就沒有回頭路。比如二〇〇五年，貝佐斯力排眾議，以極度虧本的價格推出了尊榮會員服務：一年七十九美元，無限次數，兩天到貨。

第二類決策是指結果影響不大、過程可逆、可靈活調整的常規決策。就像是雙向門，一旦決定邁過這道門，不行的話，還可以隨時撤回來。比如某件商品是否應暫時下架。

在設計決策機制時，一定要區別這兩類決策。如果不加區分，都用第一類決策的方法，就會導致公司行動遲緩，不敢冒險嘗試，難以創新突破；但如果都用第二類決策的方法，那麼只要在一個關鍵決策上犯下致命失誤，公司可能就此不復存在。

決策授權：第二類決策大膽授權

作為公司領導者或最高層，面對第二類決策，要大膽授權給某個人或由某幾個人組成的核心團隊，大可不必親力親為。

無論多勤奮早起，每個人一天都只有二十四小時。隨著業務規模的發展、組織規模的擴大，如果所有決策都還要由領導人或最高層來做，早晚有一天，他們會成為組織快速發展的最大瓶頸。

不管授權給誰，都要確保這個人或這個核心團隊能夠把決策做好。有些企業的確落實授權了，甚至還成立了各種決策委員會，但由於沒有相應的資訊支援，沒有明確的責任要求，也沒有及時的指點幫助，這樣的授權機制其實形同虛設。

授權給誰：誰具體負責就誰決策

在有些企業中，決策授權時，權責並不對等，經常是能做主的人不必對事負責；具體負責的人又做不了主。這樣的授權，會造成風險收益不對等，若結果優異，功勞往往記在做主的人頭上；如果結果差勁，過錯往往推給具體負責的人。

在亞馬遜，每個業務目標及每項衡量指標都有明確的負責人。誰是負責人，誰就負責到底。如果某個指標出現異動，該負責人既有權利也有義務第一時間深入分析，找到問題，並加以解決。如果能充分授權一線人員，反應速度、決策速度就快了。

決策速度快了，那怎麼保證決策的品質呢？亞馬遜強大的數據指標系統及智慧管理工具就是決策品質的有力支撐。各種數據資料不僅詳細具體、即時全面，還有各種智慧分析、智慧工具，而且完全開放給每一個負責人，以便隨時調閱查詢。

即便如此，也不能保證分析問題原因、制定解決方案所需的所有資訊，都一定能百分之百齊備。那怎麼辦呢？貝佐斯鼓勵大家，在資訊達到七〇%的情況下，就可以大膽決策。即使不能百分之百確定，他也鼓勵大家大膽嘗試實驗，利用低成本試錯，實踐出真知。

加快審核：從層層審核改為聯合審核

在亞馬遜，第二類決策通常都可以由負責人自行決定；如果必須審核，也是一級審核。那需要多個職位部門共同把關的事，如選擇第三方廠商、合約審核之類的事，怎麼辦呢？

在很多企業中，這種需要多部門共同審核的事，往往流程漫長，關卡眾多。如果想推動需要跨部門協作的事，比如某研發專案中的部分工作外包，那麼平常不和各部門搞好關係，審核過程中不親自去各部門「拜碼頭」，通過審核的日子簡直是遙遙無期。

而且，一線人員往往會有種強烈的感覺：有些審核者的心態往往是「多一事不如少一事」，批准就意味著出了事自己也難辭其咎。

當然，位高權重的審核者通常不至於立刻直接拒絕審核，但會提出各種問題、要求、規定，而且從部門各司其職的角度看，都非常合情合理。然而最後的結果就是拖磨。這麼樣一來二去，一線人員也就知難而退，於是大家皆大歡喜。

亞馬遜怎麼做？

一是既然有多個部門要參與，那就從一關關的層層審核（即一個部門批完，簽轉下一個部門）改為聯合審核，各部門派出一名代表，組成專案小組，各代表一起討論，一趟搞定。

二是亞馬遜特別強調管理部門必須轉換理念，管理部門的作用不是讓業務做不成，而是大家一起想辦法，在兼顧成本、風險等的前提下，怎麼把業務做成、做好。

這一點也不新奇，每一間公司的的管理部門也都是這麼表態的。但亞馬遜做得更極致些，他們奉行的原則是，管理部門不能說「不」（There is no

“NO”）。如果有問題，責任在管理部門，管理部門得想辦法解決，幫各業務部門把事做成。

常規決策：盡量數位化，智慧決策

過去決策都得靠人。雖然有ＩＴ系統，也有資料分析，但最終決策還得由人來做。企業在日常經營中，有些決策非常重要，也非常複雜，通常需要有幾十年經驗的「老鳥」來坐鎮把關。

對於零售業務來說，如何管理庫存就是一題。一方面，為了保證供應，熱銷商品不能斷貨，庫存量不能太低，另一方面，為了提高資金周轉速度、降低庫存相關成本，庫存量也不能太高。如何平衡？

預測銷售情況，需要對顧客及市場有敏銳的洞察力；設定庫存量，需要對資金、營運、整條供應鏈的每個環節有精準的把握。這樣的功力，不經過幾十年的歷練，如何得來？

在絕大多數企業中，這樣的頂級人才都是非常稀缺的，他們的時間和精力也非常有限。這麼多商品種類都得靠他們把關，決策速度難免會受到影響。

更何況亞馬遜要做的是「無所不賣的商店」，服務著全球範圍的幾億顧客，規模如此巨大、品項如此複雜，庫存管理得怎麼做呢？

生於數位時代，是亞馬遜的幸運。像庫存管理這樣的日常決策，亞馬遜已累積了海量的歷史資料，可以對顧客偏好、季節性波動、不同供應商的補貨速度等因素做全方位的研究與分析，再結合演算法等智慧管理工具，就能做到自動分析、自動決策，以及決策後還能根據結果持續反饋，不斷提高預測決策準確度。

數位時代，日常性的、重複性的、有大量歷史資料累積的類似常規決策都需要盡量數位化，讓智慧技術賦能，讓決策既好又快，能持續進化，且沒有時間和精力的限制。

規模愈大，發展愈快，就愈有優勢。

重大決策如何既好又快？

前文談到，為了提高決策速度，需要對決策進行分類。對於結果影響不大且可逆的第二類決策，要充分授權，如果是日常性的、重複性的、有大量歷史資料累積的常規決策，要盡量數位化，實現自動決策。

那麼，對於結果影響巨大且不可逆的第一類決策，應該怎麼做？由誰來做呢？為了保證品質，是否必須犧牲速度呢？貝佐斯一向是出了名的高標準、嚴格要求，對此，他強調說：「亞馬遜高層團隊致力於做到快速決策。」是的，即便是對事關重大的第一類決策，也要做到既好又快。

想把事情做好，首先要有明確的負責人。偌大的亞馬遜，誰應該對第一類決策負責呢？

對此，貝佐斯非常清楚，這個負責人就是他自己。他曾說，自己就是首席決策長。在二〇一八年的一次訪談中，貝佐斯說：「高層的工作職責，就是做好為數不多的重大決策。」

責任明確了，決策該怎麼做呢？

挖掘真相：全面準確，不能有疏漏

在傳統企業中，由於在各部門及各層級間的資料還沒打通融合，領導決策時，還得依靠層層上報、層層彙總。這樣經過各級加工的資訊，在即時性上難免滯後，在準確性上難免偏頗，在完整性上則難免疏漏。如果決策所依賴的資訊輸入方式存在巨大的漏洞，決策結果就肯定不會好。

最經典的例子，就是太空梭「挑戰者號」的失事。一九八六年一月二十八日，美國「挑戰者號」在發射升空後七十三秒發生了爆炸，機上七名太空人全部罹難。這次失事的原因是什麼呢？

在事故調查中，美國著名物理學家、諾貝爾物理學獎獲得者費曼（Richard P. Feynman）教授發現，竟然是因為推進器的環狀密封圈。這種材料在低溫下會變硬甚至斷裂，而發射當天的溫度已經到了零下。發射時，由於密封圈變硬失靈，於是燃料外洩，造成了這次人類探索太空歷史上的慘劇。

在隨後的國會聽證會上，為說明問題，費曼把一小截環狀密封圈放入冰水中，稍後取出，竟然一敲就斷了。

當時在場的所有人都驚訝不已，為什麼這麼顯而易見、至關重要的事項，在做發射決策時沒有得到充分的重視呢？原因很簡單，因為具體負責這件事、了解其中巨大安全隱憂的工程師，並沒有資格參加最後的決策過程。基礎真相存在顯著漏洞，據此做出的決策就可能導致災難。

談到貝佐斯的過人之處，貝佐斯的左右手、亞馬遜前高階主管瑞克．達澤爾說：「貝佐斯追求的是，時時刻刻都能及時、準確、全面地掌握『最佳真相』（Best Truth）。」這其實是非常難以企及的極高境界。

如果沒有像亞馬遜這樣強大的資訊系統，如果沒有像貝佐斯這樣樂於深入細節、善於追根究柢、精於挖掘真相的性格能力，傳統企業的領導者靠什麼打破沿襲百年的管控模式，打破根深蒂固的部門分治，打破人性使然的趨利避害，及時、準確、全面地掌握最佳真相呢？

想像變化：放眼未來，想想什麼會變

除了要求時刻掌握最佳真相，貝佐斯還會放眼未來，主動思考在影響決策的關鍵要素中，哪些將來會發生巨大變化。他的思考方式是什麼呢？

這裡舉例說明。二〇〇五年二月，亞馬遜推出了尊榮會員服務：一年七十九美元，無限次數，兩天到貨。當時做這個決策時，貝佐斯完全是「一意孤行」[19]。幾乎所有高階主管都反對，其中包括從蘋果公司來的高階主管迪亞哥·皮亞森蒂尼（Diego Piacentini）。

大家的反對是有道理的。當時每筆訂單的快速到貨成本為八美元，假定每位會員每年下二十筆訂單，一年下來成本就高達一百六十美元，遠遠超出了七十九美元。皮亞森蒂尼說：「每一次財務分析都表明，我們的兩天內到貨的服務，簡直是頭腦發昏。」

---

[19] 引用自 *"The Everything Store: Jeff Bezos and the Age of Amazon"* 一書（繁體中文版書名為《貝佐斯傳：從電商之王到物聯網中樞，亞馬遜成功的關鍵》，天下文化出版）。

那為什麼貝佐斯還能如此堅定不移呢？他真的是頭腦發昏了，還是他有什麼與眾不同的洞見？因為貝佐斯想問題的方式，不是靜態的。他能放眼未來，看到別人沒有想到但未來可能發生的變化。

首先，一旦花錢成為會員，顧客就會充分利用其會員福利，因此他們在亞馬遜平台上花的錢就會更多。好比去吃自助餐，怎麼才能值回票價呢？人們通常會使勁吃，且吃最貴的。基於這樣的人性，會員們就會多從亞馬遜平台上買東西，就能促進業務成長，強化飛輪效應。

其次，上面分析的隱含假設是，每單八美元的快遞成本將恆定不變。但在貝佐斯看來，這是一個變數。隨著亞馬遜業務規模的快速成長，對運輸業的議價能力會迅速增強；隨著數位技術的快速進步，運輸效率會不斷提升，單位成本會不斷下降，假以時日，放眼長遠，這一定不是賠錢的生意。

事實證明，貝佐斯是對的。自推出以來，尊榮會員服務成了亞馬遜業務成長的重要引擎。至二〇一八年底，亞馬遜的全球會員已超過一億。亞馬遜會員的平均花費是非會員的二．七倍，而且會員業務已經盈利，扣除各種直接費用的利潤率已達一九％[20]。

反對一團和氣：不同觀點激烈碰撞

貝佐斯深知，每個人都有自己的認知偏見，如果為了表面和諧，妨礙了不同觀點的坦誠表達，必然會影響最終的決策品質。因此，他鼓勵——更是要求——別人挑戰他的想法。

在貝佐斯看來：高品質的討論，必須有全新想法湧現，必須有不同觀點的交鋒，甚至是激烈碰撞，因為真理不辯不明。

在亞馬遜，團隊精神絕不是人云亦云，隨聲附和。貌似一團和氣，實則各有心思。亞馬遜領導力原則對此有明確的要求：「領導者必須能夠不卑不亢地質疑他們無法苟同的決策，哪怕這樣做讓人精疲力竭。領導者要堅定信念，矢志不渝，不要為了保持一團和氣而屈就妥協。」

---

[20] 摩根士丹利（Morgan Stanley）的研究。

面對貝佐斯、面對高層，坦誠直接地發表不同觀點，不僅是對公司、顧客、股東的責任，也會有助於贏得大家的尊重和自己的職業發展。

很多企業也鼓勵員工發表不同意見，但如果管理者及高層不能以身作則，不能贏得下屬的信任，估計沒人會真的實話實說。

不必全體同意：保留己見，服從大局

能全票通過固然好，但如果事事都得等所有人都同意後再辦，不僅會拖慢決策速度，甚至恐怕會有很多事因為卡在一、兩個人身上而無法推進。在很多企業中，解決之道就是「耗下去」，就看最後誰能撐得過誰。

遇到這種情況，亞馬遜怎麼打破僵局並快速推進呢？

在二〇一六年致股東的信中，貝佐斯建議說，不妨試試「保留己見，服從大局」。此話雖短，但作用很大，能為大家節省很多時間。

「比如，如果你對某個方向有信心，即使沒有達成共識，你也可以說：『看，我知道我們倆對此意見不一，但你願意和我賭一把嗎？保留己見，服從大局？』」

當然這並非只針對單向地要求下屬服從大局。其實領導者自己更應當以身作則。貝佐斯舉自己為例，他說：「最近亞馬遜影業開拍了一部原創劇。我告訴團隊我的觀點：不管它是否夠有趣、製作過程是否複雜、合約條件好不好……這些細節都可以再討論，關鍵是我們還有很多其他機會，未必非得拍這個劇。而團隊的態度完全不同，他們希望繼續向前推動。於是我立刻回覆：『我保留意見，服從大局，並希望它成為我們製作過最具可看性的節目。』

「請想一想，如果團隊得到的不是一個簡單的承諾，而是需要花費很大的力氣來說服我，這個決策週期會有多漫長？」

遺憾最小模型：人生苦短，少留遺憾

每當面對決定命運但又充滿不確定性的重大決策，必須做出最終選擇時，貝佐斯都會問自己：如果到了人生盡頭，比如八、九十歲，回首自己的一生，今天該怎麼做，才會讓那時的遺憾最小。

在二〇一八年的一次訪談中，貝佐斯解釋：「無論是在個人生活中，還是在企業經營上，我做過的最好決策，都靠用心。當然這不是說分析不重要，能分析的，當然要做好分析再決策。但人生中最重要的決定，往往不是靠分析來解決。最終決定的那一刻，通常是憑直覺、憑勇氣……每當這時，我都會想，如果在人生的盡頭，就少給自己留下遺憾。其實，人生最大的遺憾是錯過，錯過些原本有機會卻沒去做的事。這樣的錯過，才會讓人年老之時難以釋懷。」

也許這就是為什麼在二十五年前貝佐斯毅然決然辭去了在華爾街前途似錦的高薪工作，連年終獎金都沒等，就開始了探索網路的未知旅程。想必他到八十歲，一定會為自己當年的這個決定深感欣慰。

萬一決策失誤：充分吸取教訓，持續學習提升

早在一九九七年第一封致股東的信中，貝佐斯就旗幟鮮明地提出：「在面對那些能夠創造長期市場優勢、且把握性很大的機會時，我們會繼續堅持大膽投入。即便把握性很大，但結果也不可能每次都成功。然而無論成功還是失

敗，我們都能從中獲得彌足珍貴的學習提升。」

在亞馬遜，一次失敗或錯誤，通常並不意味著職業生涯的終結，但貝佐斯會確保，真的從失敗中吸取了教訓。

亞馬遜的反思會聚焦於因。比如，做這個決定時，考慮過哪些原因，有沒有什麼疏漏？又如，在某些關鍵要素的判斷上，有沒有偏頗？如果有，為什麼會出現這樣的偏頗？回首當初的美好假設，事後證明哪些是過於樂觀，又為什麼會過於樂觀？

此外，過程中累積的能力也是重要的收穫。歷經多年重金打造的亞馬遜手機，雖然遭遇了慘敗，但在手機開發過程中累積的能力、經驗以及團隊，有力地幫助了亞馬遜更快、更成功地推出智慧型喇叭及智慧型語音助理。

如何提升組織的決策能力？

說到底，決策是一種選擇。難的不是在對與錯、好與壞之間做選擇，難的

是在對與對、好與好之間做選擇。所以貝佐斯說：「決定人生的，就是你的選擇。你做什麼選擇，就會擁有什麼樣的人生。」㉑

究竟該怎麼選擇呢？如果放任不管，每個人恐怕都有自己的偏好和取捨。但一間企業必須按照統一的原則和方法進行決策，這樣才能形成合力。

在很多傳統企業中，為保證決策的一致性，往往是把決策權集中。這樣做，決策原則是統一了，但決策速度也一定會受影響。那麼，怎麼樣才能讓決策能力規模化呢？如何保證基層人員也能掌握統一的決策原則和方法，並貫徹到位？

統一原則：面臨衝突如何取捨

亞馬遜的決策原則是什麼？尤其是在面臨衝突時，在對與對、好與好之間，究竟該如何取捨？早在一九九七年第一封致股東的信中，貝佐斯就把亞馬遜的管理及決策方法明確地寫了下來：

基於我們對長期主義的強調，我們決策取捨的方法會有別於其他一些企業。為此，我們把自己稟承的基本管理及決策方針明示如下，希望這樣的坦誠溝通，能有助於您（指的是股東）更好地了解我們，然後在充分了解的基礎上，判斷並確認雙方的理念是否契合。

- 我們會繼續堅持顧客至上。
- 在決策取捨時，我們會繼續堅持優先考慮長期市場領導地位，而不是短期盈利或短期股價表現。
- 在投資過程中，我們會繼續堅持分析專案的有效性，並從成功和失敗中汲取經驗教訓。對不能達到回報要求的業務專案，我們要果斷終止，對運作良好、前景巨大的，要追加投資。
- 在面對那些能夠創造長期市場優勢且把握性很大的機會時，我們會繼續

㉑貝佐斯二〇一〇年在普林斯頓大學畢業典禮上的演講。

堅持大膽投入。即便把握性很大，但結果也不可能每次都成功。然而無論是成功還是失敗，我們都能從中獲得彌足珍貴的學習提升。

●如果必須在當期盈利（呈現於企業財務報表中）和長期價值（展現在企業未來現金流折現值中）之間做出取捨，我們會繼續堅持選擇長期價值，即現金流。

●在做大膽投資決策時，我們會在保密要求的允許範圍內，把背後的戰略思考過程分享給您，以便您評估判斷這樣的大膽投入是否合理，是否真正有利於我們建構長期市場優勢。

●我們會繼續堅持勤儉節約。我們深刻理解持續精簡開支、強化成本控制的重要性，尤其是現在公司業務還處於虧損的狀況中。

●我們力求在業務成長與長期盈利及資金管理之間實現均衡發展。但在現階段，我們會優先考慮業務成長，因為基於我們的商業模式，規模是創造長期價值的核心基礎，對此我們堅信不疑。

●我們深知，企業成敗的關鍵在於人，因此在人才招募上，我們會繼續堅持招募有多種能力、才華出眾且真正有捨我其誰精神的優秀人才；在薪資結構上，我們會繼續堅持側重股權激勵，而非現金薪酬。真正成為公司股東，有利於激發員工的積極性和發自內心的責任感。

做好決策很難，把決策原則梳理清楚更難。但像貝佐斯這樣，從一開始就把取捨原則訂定清楚並公之於眾，之後連續二十多年堅定不移，實屬難得。也許正是因為這樣的長期主義及這樣的堅定不移，貝佐斯與顧客、員工、投資者才建立了深厚的信任關係。

更重要的是，把決策原則清晰無誤地寫下來，是規模化決策能力的前提。只有訴諸文字，才可能大規模地學習、理解與傳承；讓每位亞馬遜員工準確理解決策取捨的內在邏輯，才可能在需要決策時做出正確的選擇。

獨特方法：告別ＰＰＴ，深度思考

亞馬遜在決策時有個非常獨特的方法，就是寫下「六頁的敘事文章」，而且在會議開始時，沒有人一頁頁地報告，而是每個人自己讀。這是什麼獨門方法呢？

二〇〇四年六月九日，企業管理方法上的一項絕妙創新誕生了。那天貝佐斯發了封郵件，標題就是「亞馬遜高層會議，不許再用PPT」。會議上各種條列式、要點式的變通方法，也都被禁止。取而代之的是用完整的句子寫成敘事文章，長度不超過六頁。

你可能會認為這項規定很可笑。其實這麼想，也在情理之中，尤其是現在，PPT似乎成了商業世界的第二種語言。有的公司甚至為PPT設置了獨立的專職簡報部門。

但貝佐斯可不是心血來潮，他這麼做是認真的。為什麼？因為他發現，人們只寫要點時，思考往往浮於表面。其前因後果是什麼、內在邏輯是什麼，都得靠現場講述。結果是，講演的人輕鬆，但聆聽的人很難真正理解。之後再看PPT，仍然不知所云。

然而，如果要求用完整的句子，寫成敘事文章，就會迫使同仁深入思考，把前因後果、內在邏輯、輕重緩急等關鍵問題先想透徹，然後再寫清楚。這樣做，思路才能更清晰，思考才能更深入。

此外，開會討論時，也不需要講述，每個人按照自己的閱讀節奏、自己的認知模式，自己讀就好。為什麼不講述？貝佐斯也有自己的思考。他說，高層們很難一言不發地聽別人講完，經常會在中間打斷別人。有時他們提的問題，其實後面就要回答了，只是暫時還沒講到。既然每個人的認知方式和節奏都不一樣，不如讓大家默讀，有問題記在一邊，等大家都看完了，再一起討論。

列出幾條要點也許花不了多少時間；但完成高品質的六頁敘事文章絕非易事。在二〇一七年致股東的信中，貝佐斯說：「有人錯誤地認為，在一兩天甚至幾個小時內就能完成一篇高品質的六頁敘事文章。其實，這事很可能需要一週，甚至更長的時間……寫高品質的文章，需要與人討論，需要反覆修改；寫完的初稿要放兩天，之後再看會有新的視角。一兩天，是肯定不夠的。」

很多曾在亞馬遜工作過的人對當年寫敘事文章的經歷記憶猶新。很多工作者日日夜夜，包括週末加班，忙的就是這件事。

這麼大的組織，這麼多人，投入這麼多時間和精力來寫六頁敘事文章，是否值得呢？從貝佐斯自己十五年來的不懈堅持，到亞馬遜離職員工對此的深深懷念，以及亞馬遜高層加入其他公司後仍紛紛借鑑，你就能感受到這個方法的獨特魅力。

決策能力的培養與提升，需要不斷練習。每一次寫六頁的敘事文章，每一次開會討論，每一次做出決策，都是一次練習。把練習的過程寫下來，不僅有利於參與其中的人事後複盤，累積經驗，還有利於沒有參加的人學習借鑑，快速吸收別人的經驗教訓。

這樣的實戰演練與集體學習，以及持續地進化，不正是亞馬遜實現決策能力規模化的重要方法嗎？

親自踐行：率先示範，行勝於言

有了清晰的取捨原則，有了獨特的決策方法，如何確保嚴格執行，在每次決策時，都堅持遵循這樣的原則和方法呢？

想要別人做到，先從自己開始，率先示範，親自踐行。自己做到了，別人才會相信且向你學習，也才會這麼去做。

二〇一〇年，貝佐斯注意到，有些瀏覽過潤滑劑產品卻沒有下單購買的顧客，會收到亞馬遜發來的個性化行銷郵件，向其推薦類似的相關產品。貝佐斯為此勃然大怒，並立即召開會議，要求全球零售業務負責人傑夫．威爾克及時任全球行銷副總史蒂芬．舒爾（Steven Shure）參加。

貝佐斯認為，這樣的行銷郵件會讓顧客感到尷尬，應當全面停止。他對舒爾說：「不用發這樣的郵件，我們也能做到收入破千億」。當時貝佐斯的確非常生氣，說這句話時，還咒罵了幾句。

亞馬遜鼓勵不同觀點得以表達，相信在激烈的碰撞交鋒中，真理才能最終浮現。而在那場會議上，大家也發表了不同意見：對於這些情趣用品，超市與藥局都有賣，不算什麼特別讓人尷尬的東西，而且這些郵件每年能為公司業績做出巨大貢獻，為什麼要停止？

但貝佐斯毫不退讓，因為在他看來：只要損害顧客對亞馬遜的長期信任，即便能賺再多錢，也不能這麼做。

這就是貝佐斯的決策原則。在那一刻，他給所有人都上了一課——什麼叫顧客至上，什麼叫長期主義，什麼叫不優先考慮短期盈利。貝佐斯的決策，就是他所奉行原則的答案。

在決策機制方面，亞馬遜在重視決策品質的同時，更強調決策速度，不僅做到了既快又好，而且形成了一套明確具體的決策原則和方法，連第一線團隊都能按統一要求做好決策，從而落實授權賦能，確保創新引擎能高效運轉。

我們要看到的是，這樣的決策機制並非空中樓閣，而是需要建立在三項基礎上：一是正確的人，二是有力的數據資料，三是強大的組織文化保障。

關於如何選人用人，如何建立數據資料，前文已深入探討，那麼亞馬遜如何打造組織文化呢？請看下一章：組織文化——堅決反熵，始終創業。

關鍵速記

決策，必須依循原則

決策可以分為：

- 事關生死、不可逆的重大決策
- 影響較小、可靈活調整的常規決策

兩類決策，需有不同因應方法：

- 對於重大決策，務必挖掘真相，尋找最小遺憾的方案
- 對於常規決策，可以大膽授權，以數據作為支撐

貝佐斯認為：

- 人生最重要的決策，往往不是靠分析
- 最終決定的那一刻，需要憑直覺與勇氣
- 人生最大的遺憾是「錯過」，思考怎麼做才能讓遺憾最小

模組 6

組織文化

堅決反熵，始終創業

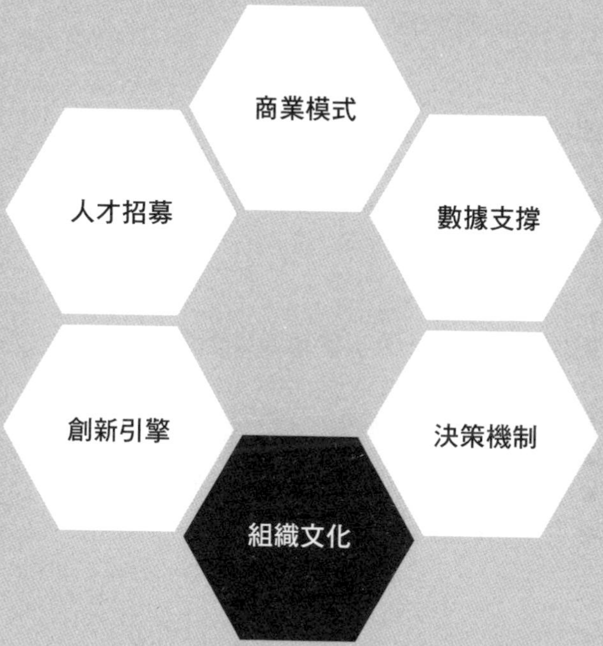

亞馬遜堅決反熵，強調始終創業，永遠都是第一天，即無論公司發展多快、規模多大、實力多強、市值多高，都要像創業第一天一樣，快速靈活，持續進化。

★ 我們將探討 ★

為何強調「第一天」？

- 事關公司生死存亡：堅持與熵增做鬥爭
- 事關超越顧客預期：永不滿足的要求

如何防範「第二天」？

- 基礎建議：先做到這四件事
- 進階建議：你的原則是什麼？

如何打造「第一天」的組織文化？

- 明確具體定義：從口號到具體行為
- 設計落實方法：從理念到日常工作
- 做到以身作則：在每個決策中踐行
- 賦予特殊意義：在獨創獎項中強化

貝佐斯對顧客的痴迷，盡人皆知。每次公開演講、接受採訪、召開內部會議，他幾乎都會提到亞馬遜矢志不渝地聚焦顧客、顧客至上，不僅要讓顧客滿意，還要給顧客驚喜。除了顧客，還有其他事能讓貝佐斯同樣痴迷，花時間不斷思考，花心思反覆琢磨嗎？答案就是企業文化。

無論是在西雅圖的公司總部，還是去遍布各地的物流中心，貝佐斯都會留些時間四處走走，隨便看看。這可不是走馬看花，而是所有感官都全面啟動，細緻觀察。他要做的是提升見微知著的能力，即從貌似微不足道的細枝末節中，洞見亞馬遜這一龐大組織在企業文化上存在的系統性漏洞。一旦發現問題，他就會像剝洋蔥一樣，層層深入、步步逼近，直到發現問題的根本原因，找到徹底的解決方案為止。

貝佐斯希望自己一手創建的組織長成什麼樣子呢？

如果你認真通讀自一九九七年以來貝佐斯寫的每一封致股東的信，你會發現在這二十二封信中，「第一天」這個詞，出現了二十二次。過去十年，其結尾幾乎驚人地一致，最後一句都是：「我們還是第一天。」

如果你去亞馬遜的西雅圖總部，會發現有幢名叫「第一天」的辦公大樓，這就是貝佐斯的辦公室所在，也是亞馬遜的新總部。當年搬家時貝佐斯特意把「第一天」的名牌也帶了過來，上面刻著：「還有很多事物有待發明，還有很多創新有待發生。」

貝佐斯用實際行動提醒自己，並告誡所有人：亞馬遜永遠都是第一天。無論公司發展多快、規模多大、實力多強、市值多高，都要像創業第一天一樣，快速靈活，持續進化。

為什麼貝佐斯對「第一天」如此情有獨鍾，如此不遺餘力、不厭其煩地對內對外反覆強調呢？

為何強調「第一天」？

創業之初，創始人自己通常都是身兼數職，從業務發想、設計打磨、建立體系、行銷宣傳、人才招募，再到財務融資，各個面向幾乎都是親力親為。

如果幸運，公司業務能發展起來，創始人很快就會發現，公司光靠自己或幾個兄弟是做不大的，必須開始帶團隊、建立組織。起初人不多，管理業務也比較簡單，組織效率通常還是很高的，快速靈活也都不在話下。大家敢做敢做，盡顯英雄本色。

但隨著業務快速發展，人愈來愈多，部門愈來愈多，層級愈來愈多，組織變得愈來愈複雜、愈來愈深不可測。所謂大公司病，如流程複雜、行動遲緩、組織僵化，也漸漸滋生蔓延開來。

自小熱愛物理、立志要當理論物理學家的貝佐斯，借用了物理學中「熵」的概念，描述這種情況。

熱力學第二定律，又稱熵增定律，即在一個封閉系統中，熱量從高溫物體流向低溫物體，是一個不可逆的過程。在這一過程中，系統沒能和外界產生能量交換，導致整個系統的熵值不斷增加。達到一定的高溫臨界點後，等待系統的將是滅亡。

這是一個令人細想起來就覺得沮喪的自然規律。也就是說，一切事物發展的自然傾向，都是從有序走向無序，直至最終滅亡。

這個規律不僅適用於自然現象，也適用於企業管理。對此，貝佐斯也有深刻認識。早在一九九八年，他就提出：「我們致力於與熵增做鬥爭。我們追求的標準必須持續提升。」

從企業家思考的角度來看，「熵」這個概念是極具穿透性的，能夠透過事物繁雜多變的表象，精準把握世事變遷的本質。但從企業文化建設的角度來看，「熵」這個概念對大多數人來說，還是太抽象了。怎樣用最簡單直接、最具體生動的方式，闡述如此深刻的理念及內涵呢？

大道至簡，貝佐斯用的就是「第一天」。

事關公司生死存亡：堅持與熵增做鬥爭

也許有人會心存疑惑：第一天有這麼重要嗎？為什麼非得強調永遠都是第一天呢？若是第二天又怎麼了呢？這樣的疑惑的確很有代表性。事實上，在亞馬遜的一次員工大會上就有人問了貝佐斯這個問題。

貝佐斯不這麼認為。在他看來，「永遠都是第一天」是關乎亞馬遜生死存亡的大事。他說：「第二天是停滯不前，接著就會被邊緣化，然後陷入衰退；令人極為痛苦的衰退，最終就會滅亡。這就是為什麼我們必須永遠都是第一天。」

只要有第二天，就會有第三天，企業就會沿著熵增的方向，走上一條萬劫不復的不歸路。很多曾經如日中天、曾經讓全球企業向其學習的標竿企業都折戟於此，如柯達以及近兩年尤為讓人唏噓不已的奇異公司。

唯有對此保持高度警惕，堅持不懈地與熵增做鬥爭，才有可能逃脫熵增的必然性。

事關超越顧客預期：永不滿足的要求

我們理解了貝佐斯特別熱愛顧客的原因之一，是顧客的永不滿足。無論企業做得多好，顧客的期待都會持續提升：今天的驚喜激動，很快就會淪為明天的稀鬆平常。沒有好壞對錯，純粹是人性使然。

永不滿足，不僅是顧客對企業的要求，更是貝佐斯對自己、對亞馬遜的要求。只有將這樣的「永不滿足」奉為「神聖」，才能形成真正發自內心的堅定信念，支撐持續不斷地進化與提升，堅持不懈地與熵增做鬥爭。

如何防範「第二天」？

如果放任自流，企業組織就會自然熵增，在不知不覺中走上「第二天」的不歸路。面對無處不在的各種陷阱、無孔不入的各種威脅，我們應該從何入手，提高警惕、嚴加防範呢？

基礎建議：先做到這四件事

既然是事關亞馬遜生死存亡的大事，貝佐斯對此肯定做了深度思考。我們不妨從他在二〇一五年致股東的信中提到的四道基礎建議來看：

建議一：真正做到顧客至上

什麼是亞馬遜的第一原則？答案就是「顧客至上」。在貝佐斯看來，這是保證組織永保第一天活力的重要心態。

如果每位亞馬遜人都能顧客至上，都能把顧客的永不滿足視為神聖，都能把持續讓顧客滿意、持續給顧客驚喜作為己任，那麼所有人就會自覺地不斷持續提升現有的產品、服務及體驗，甚至自發地想像創造全新的產品、服務及體驗。在過程中也能夠像貝佐斯一樣，反覆實驗新想法，不斷打磨新創意，耐心培育新業務。

真正堅持顧客至上，以顧客的永不滿足，激發出每個人內心永不滿足的精神，進而營造企業中永不滿足的組織氛圍，並逐步強化沉澱為永不滿足的組織基因。這樣的組織氛圍及DNA，是防範企業落入第二天陷阱的堅實基礎。

建議二：抵制形式主義

隨著業務的發展，人愈來愈多，部門愈來愈多，層級愈來愈多，內部管理通常就會變得愈來愈複雜，導致各種形式主義的繁文縟節，不斷滋生蔓延。

比如很多企業的管理流程，初衷本應是服務業務、服務顧客，但在實際工作中，往往成了妨礙業務快速推進、損害顧客體驗的癥結所在。有些規章制度及管理流程，甚至複雜到連業務主管都搞不清楚，想做任何一項業務，在各相關部門都要經過繁複紛雜的過程。

在大型傳統企業中，這種現象很普遍，幾乎司空見慣。但在貝佐斯看來：「司空見慣」才是最危險的。亞馬遜必須時刻警醒，必須堅決抵制形式主義。

建議三：擁抱外部趨勢

貝佐斯認為，陷入第二天陷阱的企業，往往對外部變化缺乏警覺性，既不能敏銳地捕捉變化的徵兆，也不能快速判斷變化的趨勢，因此更無法從變化中發現新的發展機會，也就無法靈活調整業務戰略、人員安排及資源配置。

面對風起雲湧的數位時代，這些企業中的部分高層還會抱著以不變應萬變的心態，似乎只要對變化視而不見，過去熟悉的靜好歲月就能永遠延續下去。

面對數位技術，如大數據、機器學習及人工智慧等，他們會質疑這些技術究竟能為現有業務創造什麼價值；投入這麼多人力和物力，投資回報究竟能有多少。有鑑於技術應用及業務發展的各種不確定性，他們通常很難做出精準預測，於是很多創新創意就會在他們的反覆質疑中付諸東流。

對於他們，也許這樣最好，這樣他們就能在往日榮光中繼續輝煌，直到斷崖式崩盤終將發生的一刻。

建議四：提高決策速度

上一章已深入分析亞馬遜的決策機制，其中最核心的重點就在於，對大事與小事的決策不能一體適用，要清晰區分哪些是真正決定未來命運、一旦做出便無法回頭的關鍵決策；哪些是即便失誤、也能靈活調整的常規決策。

對於能夠靈活調整的常規決策，重點在於提高決策速度，比如，該授權的要充分授權，誰負責誰就必須決策；在需要審核時，實行一級審核，或把相關部門集中起來，將以往過程冗長的層層審核改為可一次完成的聯合審核；大膽借助數位技術，把一些重複性的常規決策自動化、智慧化。

進階建議：你的原則是什麼？

前述四道建議只是防範第二天陷阱的初級版，做到了也只能算是入門。那麼，什麼是進階的建議呢？貝佐斯在致股東的信裡沒說。透過研究貝佐斯的言行，我們認為，進階建議有這三道。

建議一：消滅驕傲自滿

永不滿足是貝佐斯熱愛顧客的原因，也是他對自己的要求。正是這樣高張的永不滿足精神，驅動著他堅持不懈地向前。

無論做什麼，貝佐斯都要做到更優異、更成功。他心目中的「優異」，絕不是似有若無的微弱優勢，而是遠遠超出當前水準的顯著優勢。他心目中的「成功」，不僅要贏，還要贏得漂亮，贏得驕傲自豪。

貝佐斯對持續提升的不懈努力，是發自內心的永不滿足，是深深刻在骨子裡的堅定追求。這種追求是他對自己的要求，也是對亞馬遜的要求。

亞馬遜前高階主管羅斯曼說：「貝佐斯最痛恨、最害怕的就是驕傲自滿。」貝佐斯最擔心的是，隨著公司發展壯大，大家會被成功沖昏頭腦，驕傲自滿之情會滋生蔓延，亞馬遜會在一片讚頌中「迷失創業的初心，喪失冒險的勇氣，丟失對極高標準的不懈堅持」。貝佐斯更警告：如果不嚴加防範，亞馬遜就會落入第二天的陷阱，江河日下，最終走向滅亡。

如何消滅驕傲自滿呢？亞馬遜的方式，就是不斷提高要求，倒逼組織進步。而亞馬遜令人肅然起敬的不是知道我們所不知道的武功祕笈，而是他們把我們都知道的基本方法真正付諸實踐，不僅做了，而且做到了極致。

在亞馬遜，每年做年度規劃時，都必須制定提升計畫。比如做同樣的事，怎樣可以更高效；又如為了更好地服務顧客、給顧客驚喜，還可以有哪些創新創意。這樣的要求，不僅適用於高層團隊，也適用於基層員工。

在「人才招募」一章中我們已經介紹過，亞馬遜在招聘過程中有個特殊的角色——「抬桿者」。其英文原文是 Bar Raiser，意思是提高標準的人。顧名思義，抬桿者的重要職責之一，就是不斷提高亞馬遜的人才標準，確保整體人才水準的持續提升。

在沒有競爭壓力時也主動降價是亞馬遜獨特的倒逼機制之一。貝佐斯在二〇一五年致股東的信中談到，自二〇〇六年推出以來，亞馬遜網路服務已主動降價五十一次，而且很多時候並不是出於競爭壓力。

為什麼要這麼做？為什麼要與唾手可得的利潤為敵？除了亞馬遜一貫堅持的為顧客創造驚喜、創造價值，與顧客建立長期持續的信任關係之外，還有一個重要考量，就是要倒逼自己，不斷提升經營效率，不斷推出性價比更高的創新服務。要知道亞馬遜網路服務在最初長達七年的時間裡，都沒有真正的競爭對手。

太容易掙的錢，會讓人驕傲自滿、喪失鬥志。

建議二：消滅官僚主義

貝佐斯極其厭惡官僚主義，而且真正優秀的一流人才等也都非常厭惡官僚主義。

既然如此，為什麼官僚主義還是長盛不衰呢？正所謂存在的就合理，既然有人非常討厭它，就會有人非常喜歡它。在官僚主義的有力庇護下，一些能力有限、業績寥寥的平庸之輩反而可以大行其道，身居各種要職，手握各種資源，對什麼事情似乎都可以發表意見，但對什麼結果都可以不負責任。

如果對此不高度警惕，官僚主義一旦生根就難以剷除。首先流失的，必然是一流人才。他們從來不缺機會，還會以行動表達不滿，另謀高就。於是，公司就會迅速陷入「第二天」的深淵。

如何消滅官僚主義？貝佐斯有三條獨門心法。

● **控制編制**：在亞馬遜，與創造更好的顧客體驗直接相關的人，如程式設計師、工程師、客服人員等，被稱為直接人員，其餘都是非直接人員（indirect headcount）。對於非直接人員須嚴加編制。亞馬遜對中階管理職的控制尤為嚴格，因為貝佐斯認為很多平庸之輩常常藏匿於此。

● **控制費用：**與很多高科技公司不同，亞馬遜以極其節儉著稱。「勤儉節約」是亞馬遜自創辦以來就堅持的價值觀，而且現在還是亞馬遜的領導力原則之一。想在這裡有任何鋪張浪費，實在是連門都沒有。而現在亞馬遜一年的淨利潤已高達一百億美元，為什麼還這麼堅持呢？原因有很多，但其中非常重要的一條，就是讓官僚主義無處藏身。

● **簡化流程：**沒有規矩，不成方圓。貝佐斯也認為，沒有好的流程，就無法快速擴張。那麼，如何區分什麼是官僚主義，什麼是好的流程呢？亞馬遜前高階主管羅斯曼總結了六個判斷標準：

第一，有些規定，無法解釋清楚。

第二，有些規定，不符合服務顧客的初衷。

第三，提出合理的問題，卻無法得到滿意的回答。

第四，遇到有爭議的問題，不許提交上級，要快速解決。

第五，涉及協同要求，沒有明確的服務標準及回應時間。

第六，有些規定，根本就不合理。

如果有這些現象存在，就需要仔細分析現有的流程規定，認真思考如何簡化、優化。

建議三：重新定義負責

說起負責，當業績目標沒有達成時，企業內部經常會上演相互指責、相互推託的大戲。

比如當新產品銷售遠低於預期，銷售部門會抱怨研發部門的產品設計得太差，根本不是顧客想要的；研發部門會抱怨銷售部門不了解顧客需求，當初給的產品定義就不對。

再如出現斷貨時，銷售部門會指責生產部門不給力，產品賣得這麼好，為什麼不能加緊生產；生產部門會指責銷售部門給的銷售預測與實際相距甚遠，也會指責研發部門在設計產品時，在關鍵零件供貨保障方面欠缺考慮。

這樣的場景想必大家都不陌生。有時，內部協同比外部合作還難。剛開始，老闆發話，通常都還能解決，後來會發展到連老闆拍桌子都不管用。

有人把內部協同戲稱為世紀難題，為什麼呢？因為有職責分工，協同是必需的；但就是因為有職責分工，協同註定是痛苦的。

為此，多數企業試過許多方法，最常見的有：明確分工，各司其職；建立跨部門的委員會，或創建相關部門共同參加的聯合工作會議；設計共擔指標，共享激勵，綁定各方利益等。經過實踐檢驗，這些方法或多或少都有幫助，但似乎無法從根本上解決問題。

貝佐斯不是神，他與一般人一樣，在內部協同方面，也遇過很多問題，經歷過很多痛苦，發過火，也罵過人。但與我們不同的是，在發火、罵人之後，他能夠靜下心來，洞見問題的本質，找到根本性的破解之道。

經過一番苦思，貝佐斯在二〇〇三年找到了答案，這就是「重新定義負責」。在那年的一次高層會議上，他把自己總結的三步方法告訴了大家：

一、自力更生：凡是達成目標必需的相關職能，盡可能拉進專案組，力求不依賴別人。

二、明確要求：凡是不能拉進專案組的，即便是內部協同，也要像管理外部合作方一樣，明確具體交付要求，達成共識，承諾一致。

三、得有備案：凡是需要在專案組之外進行協作的，都得有備案，確保萬一對方不能如約交付時，也能完成工作，達成目標。

這就是貝佐斯定義的「負責」，這才是對結果負責，真正地負全責。

這對每個人——尤其是專案負責人——無疑是極高的要求。沒有極強的責任心，沒有對每個關鍵細節的深度把握，沒有對工作成果極高標準的追求，是無法做到的。

亞馬遜為什麼能做到？其中最關鍵的一點在於聚焦於因，他們理解：只有對的「原因」，才能實現好的「結果」。為此，他們在識人用人、指標資料體系、數位智慧工具等方面下足了工夫。只有把正確的人、精準的資料、智慧的工具集結在一起，才有可能達到貝佐斯要求的「負責」，做到常人所不能及。

回到當年，貝佐斯可能萬萬想不到，他重新定義負責的重大意義：此舉不僅從根本上解決了內部協同的世紀難題，還在無意間培育了亞馬遜網路服務，幫助亞馬遜一舉成為可以比肩微軟、Google的高科技企業，全球市占率始終保持第一，是每年能為公司貢獻一半以上營業利潤的成長引擎。

如何打造「第一天」的組織文化？

企業文化一旦形成，就會像DNA一樣，成為底層的組織心智，長期、持續且很難改變。既然企業文化如此重要，應該如何定義，如何打造呢？

明確具體定義：從口號到具體行為

企業文化通常根植於企業創立之初，深受創始人及核心創始團隊的影響。發展過程中的關鍵決策、成功失敗以及對人的選用育留和激勵獎懲，都對企業文化的塑造產生深遠的影響。隨著業務不斷擴展，組織不斷壯大，企業文化也會隨之演化，變得更豐富，更順應時代的要求。

亞馬遜企業文化的形成也是這樣，也是不斷豐富發展的結果。一九九八年時，亞馬遜宣布的價值觀有五條，包含顧客至上、勤儉節約、崇尚行動、捨我其誰的精神、對人才堅持高標準，後來還加入了創新[22]。

今天亞馬遜的企業文化，已發展為為十四條領導力原則：

一、顧客至上

二、捨我其誰精神

三、創新與簡化

四、決策正確

五、好奇求知

六、選賢育能

---

[22] 引用自 *"The Everything Store: Jeff Bezos and the Age of Amazon"* 一書（繁體中文版書名為《貝佐斯傳：從電商之王到物聯網中樞，亞馬遜成功的關鍵》，天下文化出版）。

七、極高標準

八、胸懷大志

九、崇尚行動

十、勤儉節約

十一、贏得信任

十二、追根究柢

十三、敢於諫言，服從大局

十四、達成業績

如此看來，亞馬遜也沒有什麼特別之處。這些口號，或是類似的口號，很多企業不是也貼在牆上嗎？為什麼結果差這麼多呢？關鍵就在於，亞馬遜每條領導力原則後面還有兩三句話。

比如，「顧客至上」很抽象、很難定義，亞馬遜是這麼描述的：

領導者從顧客出發，再反向推動工作。他們努力工作，贏得並維繫顧客對他們的信任。雖然領導者會關注競爭對手，但是他們更關注顧客。

再比如，什麼叫「極高標準」？標準本來就已經很難定義了，極高標準更是難上加難。亞馬遜是這麼描述的：

領導者有著近乎嚴苛的高標準，這些標準在很多人看來可能高得不可理喻。領導者不斷提高標準，激勵自己的團隊提供優質產品、服務和流程。領導者會確保任何問題不會蔓延，即時徹底解決問題，並確保問題不再出現。

如果你對這兩三句話的扼要描述沒什麼特別感覺，強烈建議你多讀幾遍，字斟句酌地品味其中的深意。因為這兩三句話正是亞馬遜定義企業文化的獨特之處。亞馬遜沒有停留在抽象概念的層面，而是將其一條條準則化為一個個明確具體的日常行為。

只有化為具體行為，對企業文化的理解才能統一；對企業文化的落實才有保障。更為精妙的是，一旦化為具體行為，就可以透過觀察具體行為，分析和判斷每個人在日常工作中是否真的在踐行此企業文化的要求。

比如，某位同仁是否真的稟承顧客至上，我們很難抽象地評價。然而一旦將其具體化，當他思考工作時，究竟是從顧客需求出發，反向倒推，還是習慣性依循現行做法、現有能力；當他面臨衝突，必須取捨時，究竟是為了贏得並維繫顧客的長期信任，還是為了達成自己的業績，這是能觀察與判斷的。

再如，某位同仁是否真的堅持極高標準，一旦將其具體化，當他給自己訂下目標、要求時，是否真正做到了近乎嚴苛，以及是否做到持續提升；又當此人在解決問題時，究竟是在臨時性地糊弄一番，還是真正做到了即時徹底，並確保同類問題不再出現。我們對此會有感覺，畢竟事實勝於雄辯。

設計落實方法：從理念到日常工作

把企業文化，從空洞的口號、抽象的概念，細化為明確具體的行為，只是第一步。如何讓企業文化真正落實，成為指導日常工作的行動指南，這才是真正的挑戰。

在這方面，貝佐斯想出了不少簡單直接且行之有效的辦法。以「顧客至上」為例，我們可以看看亞馬遜究竟有哪些方法：

方法一：貝佐斯的每週一問

每週例會上，貝佐斯都會問：「我們怎樣才能為顧客做得更好？」這是貝佐斯的習慣，每週都問。

方法二：給顧客留把空椅子

在亞馬遜創業早期，為了灌輸「顧客至上」的理念，貝佐斯在開會時，會為顧客留把空椅子，時時刻刻提醒大家，雖然顧客不能親臨現場，但大家要始終心懷顧客，把他們的利益放在第一位。

方法三：從顧客的視角寫新聞稿

在亞馬遜，所有創新專案在正式立項前，都要寫新聞稿，明確定義自己的目標客群，並從顧客的視角，闡述該產品或服務究竟能為顧客創造什麼價值，給顧客帶來哪些驚喜。

方法四：即時收集顧客回饋

當今時代，傳播速度驚人。若處理不當或處理不及，某個孤立的偶發事件就有可能在很短的時間內發酵，成為廣受關注的社會議題，對相關企業造成巨大的負面影響。為了防範這樣的風險，亞馬遜開發了顧客回饋自動收集系統，即時追蹤顧客意見，尤其是對表達不滿的負面回饋。

方法五：第一線客服有直接下架的權利

在亞馬遜，如果多位消費者對同一款商品提出投訴，客服中心的第一線工作人員就有權將這款產品直接下架。請注意，這裡的關鍵字是「直接」，既不需要請示客服部主管，也不需要和零售部門打招呼，便能夠直接讓商品下架。這麼做，顯然會影響零售部門的銷售業績，但貝佐斯對此非常支持，既然讓顧客不爽，就該受罰。

方法六：每年去當兩天客服

亞馬遜每年都會安排部分經理去客服中心接兩天電話。為什麼要這麼做呢？因為貝佐斯特別擔憂，隨著公司的不斷發展，大家會變得驕傲自滿，會沉醉於已經取得的各種成績，不再堅持極高標準，不再要求自己持續提升。去客服中心直接感受顧客的不滿，親身體驗顧客的吐槽，有利於非第一線的工作人員保持警醒，看到即便是今天的亞馬遜，也有很多需要改進和提升的地方。

方法七：自動、主動退款

如果為顧客提供的產品或服務不能達到既定標準，怎麼辦？是要等顧客投訴才能發現並解決嗎？有了數位化的智慧系統，亞馬遜實現了自動發現、主動退款的功能。顧客不需要投訴，問題就能自動解決。從一定意義上說，這種解決問題的獨特方式給了顧客很大的驚喜。

具體是怎麼做的呢？貝佐斯在二〇一三年致股東的信中寫道：「亞馬遜開發了智慧系統，能自動追蹤顧客體驗。如果顧客的某次體驗不能達到我們訂定的標準，系統會自動發現，還能主動退款。

「最近，有位行業觀察家收到了亞馬遜系統自動發送的郵件。郵件是這麼寫的：我們發現您在使用亞馬遜影音服務中，電影《北非諜影》的播放效果不佳，給您造成了不便，我們深感歉意。特此向您退還相關服務費用二．九九美元。希望以後您還會繼續使用這項服務。

「這次經歷讓他深感驚訝，並在隨後的文章中寫道：我觀看影片效果不佳的事，亞馬遜竟然能自動發現，還能主動退款。這才是真正的顧客至上。」

做到以身作則：在每個決策中踐行

要想企業文化在全體員工心中生根萌芽，企業領導人的以身作則必不可少。為什麼在有些企業，大家嘴上喊著口號，心裡卻在暗暗罵著？就是因為那些口號只是企業對他們的要求，而高高在上的領導者卻說一套做一套。

亞馬遜的企業文化深入人心，在很大程度上與貝佐斯親身踐行、率先示範密不可分。每場會議、每個決策、每次發表演講、每回接受採訪，都可以看出貝佐斯內心對此的堅定信仰與不懈堅持。

說到「顧客至上」，貝佐斯毫無疑問是全球最堅持顧客至上的企業家之一。我們可以看看他以身作則的實例：

實例一：堅持定價原則

眾所周知，沃爾瑪長期奉行的宗旨是天天低價。在這點上，貝佐斯不僅偷師沃爾瑪，還站在巨人的肩膀上，進行了數位化升級。

近二十年前，亞馬遜就開發了自動定價工具，可以即時搜尋網頁，收集各方定價，並自動調整定價，確保亞馬遜的價格始終最具競爭力。

一次高層會議上，有人問貝佐斯，要是市場上有更低的價格，但實則沒貨可出，亞馬遜是不是就不需要下調價格了？因為對於那些真正著急想買的顧客，就算亞馬遜網站的價格高一點，他們也只能從亞馬遜網站購買。這個問題合情合理。能賺的錢，為什麼不賺？

對此建議，貝佐斯斷然拒絕。他說，即便顧客這次出於無奈，被迫接受了亞馬遜更高的價格，這種不好的觀感也會持續很長時間，有損顧客對亞馬遜的信任。利潤是小，信任是大，這就是亞馬遜的領導力原則。

正如貝佐斯自己所說，亞馬遜的定價原則，絕不是短期利潤最大化，而是持續贏得顧客的信任。最理解到這一層，你就不會對亞馬遜網路服務在幾乎沒有競爭壓力的情況下連續主動降價五十一次感到詫異了。二〇一二年亞馬遜網路服務還推出了一項令人匪夷所思的服務項目，能自動分析顧客的使用情況，並能在保證性能安全的前提下主動提出建議，幫助顧客降低使用成本。

實例二：發出問號郵件

在亞馬遜，突發事件會按照嚴重程度分為五級，一級最高，五級最低。但在此之上，還有一種情況，一旦發生，就得放下所有工作，馬上投入戰鬥。這種情況就是貝佐斯的問號郵件。

為了直接聽到顧客的聲音，貝佐斯很早就公開了他的電子郵件地址。只要顧客願意，遇到問題可以直接向貝佐斯投訴。如果問題嚴重，貝佐斯會在郵件上加個問號，然後馬上轉發給相關人員。

如果收到貝佐斯的問號郵件，不僅要快速解決，還得找到造成此類問題的根本原因，從根源上，杜絕此類問題的再次發生。問題解決之後，還得把問題分析及解決方案彙報給貝佐斯。

貝佐斯這麼做，就是為了確保亞馬遜內部，尤其是高層，能夠真正聽到顧客的聲音。

實例三：四千台粉色 iPod 的故事

據亞馬遜前高階主管羅斯曼回憶，有一年聖誕節前，顧客透過亞馬遜平台預訂了四千台蘋果公司的粉色 iPod。然而，十一月中，亞馬遜收到蘋果公司的通知，說是得延期交貨。

如果你是負責人，收到這樣的壞消息，你會怎麼做？

常規做法無非趕緊把這個壞消息告知每位訂貨的顧客，畢竟在聖誕節無法收到或送出心儀已久的禮物，的確會讓人非常失望。當然在表達歉意的同時，你還得直接或委婉地強調，這是蘋果公司造成的問題，與你自己無關。

這麼做，既禮貌，又專業，簡直就是標準答案。環顧全球，很多公司的確是這麼做。但在亞馬遜，對於那些真正顧客至上，不僅要讓顧客滿意，還要給顧客驚喜的人來說，這不是答案。

亞馬遜又是怎麼做的呢？他們去市場上按零售價買了四千個粉色 iPod，並手工分揀，確保在聖誕假期前送到每位消費者的手中。

從賺錢的角度講，這簡直是瘋了。但貝佐斯給予了堅定的支持，因為這才是真正的「顧客至上」，才是亞馬遜要的企業文化。

賦予特殊意義：在獨創獎項中強化

如何強化企業文化？如何讓企業形象變得更加生動？如何肯定那些好的行為？如何激勵那些真正做到的人？貝佐斯作為企業管理者，在這方面，他表現出過人的創意：

創意一：門板獎，表彰厲行節儉

說到節儉，在亞馬遜，「門板」是艱苦創業、厲行節儉的象徵。因為創業之初，貝佐斯就是用門板拼成了辦公室的桌子。門板獎旨在肯定為顧客創造更低價格的人，在這方面做出巨大貢獻，其獎品就是一個門板辦公桌的裝飾品。

除了門板，還有什麼能形象生動地說明亞馬遜在勤儉節約方面的不懈追求呢？貝佐斯一直在留意尋找。在二〇〇九年的股東大會上，「燈泡」成了亞馬遜厲行節儉的新象徵。

這又是什麼故事呢？原來亞馬遜的各物流中心都有自動販賣機，每個自動販賣機都有明亮的背景燈。在燈光的襯托下，所販賣商品的圖片會顯得更加鮮豔醒目，讓人怦然心動。但秉持勤儉節約的精神，亞馬遜把這些自動販賣機裡的燈泡全都拆了。

其實，省下的電費每年不過幾萬美元，對於每年收入高達幾千億美元的亞馬遜來說，真不算什麼大不了的費用。這麼做是否有些不可理喻？

貝佐斯可不這麼想。在他看來，這件事的象徵意義巨大，這是明白無誤地告誡每位員工，亞馬遜對勤儉節約的標準是什麼。正如亞馬遜不懈追求的極高標準，這些標準在很多人看來，的確高得有些不可理喻。

創意二：「做，就對了」獎，肯定崇尚行動

為了強化崇尚行動的企業文化，貝佐斯創立了名為「做，就對了」的獎項，旨在肯定那些特別積極主動，尤其是日常工作之外，勇敢突破自己，取得突出成績的人。

既然有獎項，就得有獎勵。拿什麼來獎勵這些人呢？亞馬遜歷來強調節儉，發巨額獎金顯然不太合適。於是貝佐斯別出心裁地用了舊球鞋，必須是穿過的、穿破的。

在亞馬遜，這一獎品竟然廣受追捧。有幸獲獎者必然是將之供奉在辦公室最顯眼的地方，驕傲之情寫在臉上。

創意三：萬年鐘，象徵長期主義

眾所周知，貝佐斯信奉長期主義，本書前文也對此進行了深入的剖析。那麼貝佐斯眼裡和心中的長期，究竟有多長呢？

貝佐斯用實際行動回答了這個問題。二〇一八年，他個人出資，在美國德州西部的深山中，建造起一座十多公尺高的巨型「萬年鐘」。這座鐘非常特別，其秒針每一年才走一格，其時針每一百年才走一格，想聽一次報時，得等上一千年。

正如貝佐斯自己所說：「這並不是一座普通的鐘，而是長期主義的終極象徵。」

關鍵速記

重新定義組織文化

貝佐斯如此定義「負責」：

- 自力更生，不依賴他人
- 協同合作時明確交付要求，確保雙方承諾一致
- 得有備案，確保能完成工作，達成目標

重點整理

亞馬遜核心管理思想及方法

模組 1　商業模式——顧客至上，拓展邊界

亞馬遜在建構其商業模式時，始終聚焦核心，堅持顧客至上、為顧客創造、長線思維、投資未來。不斷探索全新模式，不斷拓展業務邊界。

核心要點

- 亞馬遜堅持顧客至上的其中一個原因是顧客永不滿足，即顧客永遠期望更多的選擇、更低的價格、更便捷的服務。

- 顧客是亞馬遜最寶貴的資產。對顧客，要永遠保持敬畏，要為顧客發明創造。
- 一切都要看長遠——投資未來比當期盈利更為重要；現金流比淨利潤更為重要。

模組 2　人才招募——極高標準，持續提升

亞馬遜始終堅持對人才招募要有極高標準，透過嚴謹的招聘流程、精心設計的自我選擇機制、獨具特色的用人與留人方法，打造自我強化的人才體系，持續提升組織整體的人才水準。

核心要點

- 在亞馬遜，最重要的決策就是招人，且寧可錯過，也不錯招。為什麼？因為你的人就是你的企業；人不對，再怎麼補救都沒用。

●貝佐斯招聘的三個問題：你欽佩這個人嗎？這個人的加入，能提升整體效能嗎？這個人在哪些方面有過人之處，取得過哪些非凡成就？

●人才要求的三個關鍵字：建造者、捨我其誰、內心強大。透過抬桿者制度，亞馬遜在招聘過程中，堅持對人才的極高標準，並確保持續提升。

●用人、留人的兩個方法：讓新人加速成長，給予老將全新機會。

●要吸引頂級人才，必須由公司領導者或高階主管親自出馬。

模組 3 數據支撐——聚焦於因，智慧管理

亞馬遜致力於打造跨部門、跨層級、端對端的即時數據指標系統，借助演算法、機器學習、人工智慧等數位技術，開發智慧管理工具系統。透過嚴格追蹤、考量分析每個影響顧客體驗及業務營運的原因，快速發現問題、解決問題，甚至自動完成常規決策。

核心要點

● 數據指標的五項要求：極為細緻、極為全面、聚焦於因、即時追蹤、核實求證。

● 開發智慧管理工具系統，推動常規決策自動化，將組織的精力從日常管理中釋放出來。

● 怎樣思考投入與產出？數據指標系統與智慧管理工具系統，確實是投資巨大的系統工程，但隨著時間的推移、資料的累積、演算法的疊代，其能創造的回報也會愈來愈大。

模組 4　創新引擎——顛覆開拓，發明創造

亞馬遜致力於發明創造，致力於打造持續加速、持續顛覆、持續開拓的創新引擎，不僅要取得自身業務的快速成長，還要創造規模巨大的全新市場。

核心要點

- 認知創新的五個代價：敢於打造新的能力；敢於顛覆現有業務；敢於開拓全新市場；不怕失敗，持續探索；不畏艱難，保持耐心。
- 打磨創意的方法：撰寫新聞稿，其中必須明確寫下目標客群、成功標準及可能遇到的困難與障礙。
- 如何在管理體系中推動創意實現？建立專案組，選對專案負責人，明確責任，並全程負責到底。

模組 5　決策機制——既要品質，更要速度

亞馬遜在重視決策品質的同時，更強調決策速度，不僅做到既快又好，而且形成了一套明確具體的決策原則和方法，就連第一線團隊都能按一致的要求做好決策，從而落實授權賦能。

核心要點

- 認真區分兩類決策：第一類重大決策是影響巨大、事關生死且不可逆；第二類常規決策則影響不大、過程可逆、可靈活調整。
- 加快常規決策速度：盡量數位化、智慧化，或明確授權給直接的第一線負責者。加快審核速度，如採用一級審核、聯合審核等。
- 重大決策要既快又好：必須充分挖掘事實真相，大膽想像未來變化；要反對一團和氣，不必事事求全體同意；如果的確糾結，遙想生命苦短，盡量少留遺憾。
- 如何提升組織決策能力？保持一致的原則，例如貝佐斯的九條管理及決策方針；採取能深度思考的方法，例如寫敘事文章；最後，領導者以身作則，在每個決策中，堅持方法，強化原則。

模組6　組織文化——堅決反熵，始終創業

亞馬遜堅決反熵，強調始終創業，永遠都是第一天，即無論公司發展多快、規模多大、實力多強、市值多高，都要像創業第一天一樣，快速靈活、持續進化。

核心要點

- 亞馬遜防範「第二天」的四項基礎：堅持顧客至上、抵制形式主義、擁抱外部趨勢、提高決策速度。
- 給領導者三項建立組織文化的原則：消滅驕傲自滿、消滅官僚主義、重新定義負責。
- 打造第一天文化的四個步驟：描述具體行為，明確定義組織文化；設計落實的方法與獎勵，讓理念能在日常中實踐；做到以身作則；賦予獎勵意義，強化組織文化。

附錄A
亞馬遜九條管理及決策方針

貝佐斯一九九七年致股東的信節選：

基於我們對長期主義的強調，我們決策取捨的方法會有別於其他一些企業。為此，我們把自己稟承的基本管理及決策方針明示如下，希望這樣的坦誠溝通，能有助於您（指的是股東）更好地了解我們，然後在充分了解的基礎上，判斷並確認雙方的理念是否契合。

- 我們會繼續堅持顧客至上。
- 在決策取捨時，我們會繼續堅持優先考慮長期市場領導地位，而不是短期盈利或短期股價表現。

●在投資過程中，我們會繼續堅持分析專案的有效性，並從成功和失敗中汲取經驗教訓。對不能達到回報要求的業務專案，我們要果斷終止，對運作良好、前景巨大的，要追加投資。

●在面對那些能夠創造長期市場優勢且把握性很大的機會時，我們會繼續堅持大膽投入。即便把握性很大，但結果也不可能每次都成功。然而無論是成功還是失敗，我們都能從中獲得彌足珍貴的學習提升。

●如果必須在當期盈利（呈現於企業財務報表中）和長期價值（展現在企業未來現金流折現值中）之間做出取捨，我們會繼續堅持選擇長期價值，即現金流。

●在做大膽投資決策時，我們會在保密要求的允許範圍內，把背後的戰略思考過程分享給您，以便您評估判斷這樣的大膽投入是否合理，是否真正有利於我們建構長期市場優勢。

●我們會繼續堅持勤儉節約。我們深刻理解持續精簡開支、強化成本控制的重要性，尤其是現在公司業務還處於虧損的狀況中。

- 我們力求在業務成長與長期盈利及資金管理之間實現均衡發展。但在現階段，我們會優先考慮業務成長，因為基於我們的商業模式，規模是創造長期價值的核心基礎，對此我們堅信不疑。
- 我們深知，企業成敗的關鍵在於人，因此在人才招募上，我們會繼續堅持招募有多種能力、才華出眾且真正有捨我其誰精神的優秀人才；在薪資結構上，我們會繼續堅持側重股權激勵，而非現金薪酬。真正成為公司股東，有利於激發員工的積極性和發自內心的責任感。

附錄 B

亞馬遜十四條領導力原則

一、顧客至上（Customer Obsession）

領導者從顧客出發，再反向推動工作。他們努力工作，贏得並維繫顧客對他們的信任。雖然領導者會關注競爭對手，但是他們更關注顧客。

二、捨我其誰精神（Ownership）

領導者即是主人翁。他們會從長遠考慮，不會為了短期業績而犧牲長期價值。他們不僅代表自己的團隊行事，而且代表整個公司行事。他們絕不會說「那不是我的工作」。

三、創新與簡化（Invent and Simplify）

領導者期望並要求自己的團隊進行創新和發明，並始終尋求使工作簡化的方法。他們了解外界動態，四處尋找新的創意，並且不局限於「非我發明」的觀念。當我們開展新事務時，我們要接受被長期誤解的可能。

四、決策正確（Are Right, A Lot）

領導者在大多數情況下都能做出正確的決定。他們擁有卓越的業務判斷能力和敏銳的直覺。他們尋求多元的視角，並挑戰自己的觀念。

五、好奇求知（Learn and Be Curious）

領導者從不停止學習，而是不斷尋找機會提升自己。領導者對各種可能性充滿好奇並付諸行動加以探索。

六、選賢育能（Hire and Develop the Best）

領導者不斷提升招聘和提拔員工的標準。他們表彰傑出的人才，並樂於在組織中透過輪換職位來磨礪他們。領導者培養領導人才，他們嚴肅地對待自己育才樹人的職責，代表員工創建職涯發展機制。

七、極高標準（Insist on the Highest Standards）

領導者有著近乎嚴苛的高標準，這些標準在很多人看來可能高得不可理喻。領導者不斷提高標準，激勵自己的團隊提供優質產品、服務和流程。領導者會確保任何問題不會擴大，即時徹底解決問題，並確保問題不再出現。

八、胸懷大志（Think Big）

局限性思考只能帶來局限性的結果。領導者大膽提出並闡明大局策略，由此激發良好的成果。他們從不同角度考慮問題，並廣泛尋找服務顧客的方式。

九、崇尚行動（Bias for Action）

速度對業務影響至關重要。很多決策和行動都可以改變，因此不需要進行過於廣泛的推敲。我們提倡在深思熟慮的前提下進行冒險。

十、勤儉節約（Frugality）

力爭以更少的投入實現更大的產出。勤儉節約可以讓我們動動腦筋、自給自足並不斷創新。增加人力、預算以及固定支出並不會為你贏得額外加分。

十一、贏得信任（Earn Trust）

領導者專注傾聽，坦誠溝通，尊重他人。領導者敢自我批評，即便這樣做會令自己尷尬或難堪。他們並不認為自己或其團隊總是對的。領導者會以最佳領導者和團隊為標準來要求自己及其團隊。

十二、追根究柢（Dive Deep）

領導者深入各個環節，隨時都要掌控細節，確認核實，當資料與傳聞不一致時持有懷疑態度。領導者不會遺漏任何工作。

十三、敢於諫言，服從大局（Have Backbone, Disagree and Commit）

領導者必須能夠不卑不亢地質疑他們無法苟同的決策，哪怕這樣做並不總是和諧，且是耗費精神的。領導者要堅定信念，矢志不移。領導者不會為了保持一團和氣而屈就妥協。一旦做出決定，他們就會全身心地致力於實現目標。

十四、達成業績（Deliver Results）

領導者會關注其業務的關鍵決定條件，確保工作品質，並及時達成業績。儘管遭受挫折，但是領導者依然勇於面對挑戰，從不氣餒。

國家圖書館出版品預行編目（CIP）資料

顛覆致勝：貝佐斯的「第一天」創業信仰，打造稱霸全世界的Amazon帝國/瑞姆．夏藍(Ram Charan)，楊懿梅合著. -- 初版. -- 台北市：遠流出版事業股份有限公司, 2021.03
面； 公分.
譯自：The Amazon Management System
ISBN 978-957-32-8981-4(平裝)

1.貝佐斯(Bezos, Jeffrey) 2.亞馬遜網路書店(Amazon.com) 3.電子商務 4.企業經營

487.652 110001498

實戰智慧館 496

顛覆致勝

貝佐斯的「第一天」創業信仰，打造稱霸全世界的Amazon帝國

作者 / 瑞姆．夏藍（Ram Charan）、楊懿梅

資深編輯 / 陳嬿守
編輯協力 / 陳懿文
校對協力 / 呂佳眞
封面設計 / 陳文德
內頁排版 / 連紫吟、曹任華
行銷企劃 / 舒意雯
出版一部總編輯暨總監 / 王明雪

發行人 / 王榮文
出版發行 / 遠流出版事業股份有限公司
地址 / 台北市南昌路2段81號6樓
電話 / (02)2392-6899 傳眞 / (02)2392-6658 郵撥 / 0189456-1
著作權顧問 / 蕭雄淋律師

2021年3月1日 初版一刷
定價 / 新台幣380元 (缺頁或破損的書，請寄回更換)

ISBN 978-957-32-8981-4

遠流博識網 http://www.ylib.com E-mail: ylib@ylib.com
遠流粉絲團 https://www.facebook.com/ylibfans

The Amazon Management System
簡體版書名爲《貝佐斯的數字帝國：亞馬遜如何實現指數級增長》